普通高等教育高职高专"十三五"规划教材 电气类

电气安全技术

主　编　包晓晖
副主编　吴飞财　李　津　林朝明
主　审　余海明

·北京·

内 容 提 要

本书内容侧重电气安全技术方面知识，主要内容包括电气安全基础知识，电气安全措施与管理，用电设备及装置与安全技术，雷电、静电及电磁场与安全技术，电气作业中危险点及预控，电力安全事故分析与处理，安全生产法律法规常识，电气安全技术实训共计 8 章。在知识体系上围绕电气安全的基本知识、基本理论、实用技术等进行了详尽的论述，并配有相关知识拓展及案例分析。

本书编写语言通俗易懂，知识体系深浅适度，适用于应用技术型本科、高职高专电力电气类、自动化类专业，也可供供配电运行人员、工矿企业电工作业人员、电气技术人员及电气安全管理人员使用。

图书在版编目（CIP）数据

电气安全技术 / 包晓晖主编. -- 北京：中国水利水电出版社，2016.12(2023.8重印)
普通高等教育高职高专"十三五"规划教材　电气类
ISBN 978-7-5170-5004-9

Ⅰ.①电… Ⅱ.①包… Ⅲ.①电气设备－安全技术－高等职业教育－教材 Ⅳ.①TM08

中国版本图书馆CIP数据核字(2016)第321756号

书　名	普通高等教育高职高专"十三五"规划教材 电气类 **电气安全技术** DIANQI ANQUAN JISHU
作　者	主编　包晓晖　副主编　吴飞财　李津　林朝明　主审　余海明
出版发行	中国水利水电出版社 （北京市海淀区玉渊潭南路1号D座　100038） 网址：www.waterpub.com.cn E-mail：sales@mwr.gov.cn 电话：(010) 68545888（营销中心）
经　售	北京科水图书销售有限公司 电话：(010) 68545874、63202643 全国各地新华书店和相关出版物销售网点
排　版	中国水利水电出版社微机排版中心
印　刷	天津嘉恒印务有限公司
规　格	184mm×260mm　16开本　11.25印张　267千字
版　次	2016年12月第1版　2023年8月第5次印刷
印　数	12001—15000 册
定　价	42.00 元

凡购买我社图书，如有缺页、倒页、脱页的，本社营销中心负责调换

版权所有·侵权必究

前言

随着国民经济的稳步发展和城乡居民生活水平的不断提高，生产生活用电需求显著增长，电力电网的投资建设和升级改造工作也步入了快速、高效的快车道，同时对电力电网的安全性和技术性也提出了更高的要求。为满足和适应电力电网的发展，电工作业人员的专业技术水平和安全防范技能也必须得到同步提升。如何确保电网的安全运行和电力的连续供应，减少人为因素造成的电气事故的发生频次，降低电气事故造成的经济损失，显得更加重要。为适应这一形势下对人才的需求，培养业务技术、安全意识、安全技术均较高的电气从业人员，我们组织编写了《电气安全技术》一书。

为使本书更加实用、更加贴近行业，编写人员前往各类发电厂、变电所、供电公司、工厂变配电所及施工现场进行了大量的现场考查和实地调研，广泛征求电气从业人员对课程建设、教材编写的意见，与此同时结合电气系统工程技术人员对岗位技能、安全技术的要求，和他们进行了多次广泛而深入的讨论。同时，编写人员除了参考有关书籍外，还参照了国家近几年新颁发的相关规范和标准。

本书主要从电气安全基础知识，电气安全措施与管理，用电设备及装置与安全技术，雷电、静电及电磁场与安全技术，电气作业中危险点及预控，电力安全事故分析与处理，安全生产法律法规常识，电气安全技术实训等方面进行阐述，包含作为电工作业人员必须掌握和认识的知识面。

本书的主要特点：一是以"加强基础，拓展知识"为主线，在知识体系上围绕电气安全的基本知识、基本理论等进行论述，并配有相关知识拓展和指点迷津，希望对读者有所启迪和帮助；二是以"强化应用、培养技能"为重点，通过案例分析和专项实训，注重培养电气安全实际工作技术，注重培养分析问题、解决问题的能力。

本书由福建水利电力职业技术学院包晓晖担任主编，进行全书的设计、选例和统稿工作。由福建水利电力职业技术学院吴飞财、李津、林朝明担任副主编。其中，吴飞财编写了第1、2章，李津编写了第3、4、5章，包晓晖编写了第6、7章，林朝明编写了第8章。本书由湖北水利水电职业技术学院余海明主审。

限于编者的水平，书中难免出现疏漏和不妥，恳请广大读者批评指正。

编 者
2016年8月

前言

第1章 电气安全基础知识 … 1
1.1 电气安全技术概述 … 1
1.2 触电事故 … 3
1.3 触电急救 … 10
1.4 创伤急救 … 18
1.5 电气火灾与爆炸 … 19
1.6 电气装置的防火防爆 … 21
1.7 扑灭电气火灾 … 30

第2章 电气安全措施与管理 … 35
2.1 接地保护和接零保护措施 … 35
2.2 人身触电防护 … 39
2.3 安全操作用具及安全防护技术 … 49
2.4 电气安全管理 … 56

第3章 用电设备及装置与安全技术 … 69
3.1 工作环境与电气设备安全 … 69
3.2 电动机安装与安全 … 71
3.3 低压开关设备与安全 … 77
3.4 照明设备安装 … 80
3.5 移动式设备与安全 … 87
3.6 专用电气设备与安全 … 89
3.7 电气线路的安全技术 … 92

第4章 雷电、静电及电磁场与安全技术 … 95
4.1 雷电与安全技术 … 95
4.2 静电安全 … 100
4.3 电磁场与安全 … 105

第5章 电气作业中危险点及预控 … 109
5.1 电气作业中危险点的特征及查找 … 109
5.2 危险点分析预控应注意的问题 … 113
5.3 配电设备维修作业中的危险点及预控 … 118

5.4 电力建设现场的危险点分析和控制 ……………………………………………… 131

第6章 电力安全事故分析与处理 ………………………………………………… 135
6.1 电力安全事故分析 ……………………………………………………………… 135
6.2 电力生产事故调查与处理 ……………………………………………………… 140

第7章 安全生产法律法规常识 …………………………………………………… 150
7.1 我国安全生产方针及内容 ……………………………………………………… 150
7.2 安全生产法律法规与法律制度 ………………………………………………… 152

第8章 电气安全技术实训 …………………………………………………………… 159
8.1 电力电缆的绝缘电阻测量 ……………………………………………………… 159
8.2 电力电缆的吸收比试验 ………………………………………………………… 160
8.3 跌落式熔断器的操作 …………………………………………………………… 162
8.4 用钳型电流表测量配电变压器负荷电流 ……………………………………… 163
8.5 测量配电变压器的绝缘电阻 …………………………………………………… 164
8.6 验电、挂接地线 ………………………………………………………………… 166
8.7 倒母线倒闸操作 ………………………………………………………………… 167
8.8 电动机单转向点动与连续运行控制线路安装 ………………………………… 170

参考文献 ……………………………………………………………………………… 173

第 1 章　电气安全基础知识

近百年的历史已充分证明，电同阳光、水、空气一样是人类不可缺少的亲密伙伴。它与其他各种形式的能源相比，具有便于输送、取用和控制的优点，但是电在造福于人类的同时，也潜藏着危险，如果使用者缺乏电气安全的知识，在生活和工作中就会发生人身伤亡和设备损坏，并造成巨大的经济损失。因此，掌握安全用电知识技能，不仅是电气工作人员必须做到的，而且也是每个人应该做到的，只有这样电气系统才能正常地运行，人们才能在工作、生活中安全用电，让电为人类更好地服务。

1.1　电气安全技术概述

电气安全技术是一种用途很广的、极为重要的实用技术，随着工业技术和家用电器的迅猛发展，电气系统已深入到社会和人民生活的每个角落，每个人都必须掌握一定的安全用电技术，一方面是保证个人的人身安全，另一方面是为了保证电气系统、电气设备、电气线路及涉及的环境、建筑物等各种设施的安全，这在国民经济和国家政治生活中都占有很重要的位置，是每个人都不容忽视的。

1.1.1　电气安全的含义及任务

1.1.1.1　电气安全的含义

简单地说，"安全"是指人们在日常生活和工作过程中，生命得到保障，财产不受威胁，并使人们从根本上消除这些方面的精神压力，没有后顾之忧。它涉及人身和设备两个方面。

人身安全，指在从事工作和电气设备操作使用过程中人员的安全。

设备安全，指电气设备及有关其他设备、建筑的安全。

因此，要做好电气安全工作，首先要提高人们对安全的认识，树立"安全第一"的思想，做到"防患于未然"，把事故消灭在萌芽状态。同时，采取必要的措施，做好安全管理和安全技术等方面的工作，提高电气和电气系统的安全可靠性。

1.1.1.2　电气安全工作的主要任务

(1) 研究各种电气事故及其发生的机理、原因、规律、特点和防护措施。

(2) 研究运用电气方法，即研究运用电气监测、电气检查和电气控制等方法来评价电力系统的安全性和解决生产中用电的安全问题。

知识拓展——电的特点

电是由燃料、水力、风力和原子能等第一能源转变而成的第二能源，并可按照不同需要任意转换为其他能源。因此，电是最便利、最广泛、最有使用价值的能源，在各行各业及日常生活中起着极其重要的作用。它决定了其他工业的发展，也展示了人类的现代文明。

电具有"看不见、听不到、摸不得"的特点，如果操作和使用不当，就会危及人们的生命财产甚至整个供配电系统的安全，带来巨大的损失。

1.1.2 电气安全技术的特点

电气安全技术具有综合性、完整性、周密性、复杂性和可修改性的特点，见表1.1。

表1.1　　　　　　　　　　电气安全技术的特点

特　点	说　明
综合性	电气安全技术是综合技术，除了电气电子技术外，还包括管理技术、操作规程规定及消防、急救、防爆、焊接、起重吊装、挖掘、高空作业等
完整性	电气安全技术是一个非常完整的体系，不仅需要电气技术来保证，而且包括安全管理、人员素质、产品质量及设计安装等
周密性	任何一项电气安全技术的产生都有严格的过程，不得有任何疏忽，以保证技术的可靠周密，否则将会给应用者带来不可估量的损失
复杂性	利用电气和检测技术来解决安全问题及有关安全技术的元件，不仅有电气技术，还有电子技术、微机技术、检测技术及机械技术，这样使得电气安全技术变得很复杂
可修改性	任何一项安全措施、操作规程、元器件的产生都是人们在生产实践中不断总结修改而成的，也只有这样才能保证电气的完整性和周密性

1.1.3 保证安全用电的基本条件

（1）严格的电气安全管理制度。

（2）完善的电气作业安全措施。

（3）细致的电气安全操作规程。

（4）用电人员素质的培养及提高。

（5）确保电气设备、元件、材料产品质量。

（6）确保电气工程的设计质量和安装质量。

（7）加强防止自然灾害侵袭的能力及措施。

（8）全社会讲安全用电，普及安全用电技术。

1.1.4 展望安全用电技术

到目前为止，安全用电技术基本上还是沿用传统的安全措施，如接地、接零、绝缘、安全距离、安全电压、联锁、安全操作规程、电工安全用具、防雷接地、报警装置及漏电保护等。这些措施经历了几代人的实践总结、修改完善，确定是行之有效的，即使在今后很长的时期内仍然占有重要的位置。

1.2 触电事故

随着电子技术、自动检测技术、传感器技术、微机技术的发展,出现了功能齐全、性能良好、有智能功能的漏电保护器,使安全用电技术有了一个新的发展动向。近几年来,这方面的技术发展很快,已经出现了由微机和各类传感元件组成的自动电子检测装置,能准确预报绝缘降低、漏电、接地电阻减少、过载、短路、断相触电及导致事故发生的地点、部位,以便提醒工作人员注意并加以处理。

同时,人们在实践中也逐步完善了安全管理系统的内容,出现了现代安全保证体系,这对保证电气系统的安全运行有着很大的推动作用,人们运用系统工程及反馈的理论建立安全信息网络,做到超前预防及控制,使电气安全技术更完善、更可靠、更周密和更安全。在电气安全工作中,一手要抓技术,使技术手段完备,一手要抓组织管理,使其周密完善,只有这样才能保证电气系统、设备和人身的安全。

知识拓展——电工必须具备的条件

(1) 经医生检查无妨碍从事电气工作的病症,如高血压、聋哑、色盲、肢体残废及功能受限等。

(2) 必须经过电工专业安全技术培训,考试合格持特种作业证上岗。学徒工和其他非持证电工,必须在持证电工的监护和指导下才允许操作。

(3) 了解岗位责任区域内的供电线路及电气设备的性能。

(4) 熟练掌握触电急救方法和事故紧急处理措施。

温故知新

(1) 什么是电气安全?

(2) 电气安全技术的特点是什么?

(3) 保证安全用电的基本条件有哪些?

(4) 传统的安全用电措施有哪些?

(5) 现代的安全用电措施包含哪些方面的内容?

1.2 触电事故

1.2.1 电流对人体的伤害

1.2.1.1 电击和电伤

随着社会的发展,电在人们的日常工作与生活中应用极其广泛,但如果使用不当,小则损坏机器设备,大则危及人身安全。因为当人们一不小心碰到电,电流就能立即通过人体,使人体造成不同程度的伤害,甚至死亡,如图1.1所示。

触电是指电流流过人体时对人体产生的生理和病理伤害。电流对人体的伤害分电击伤和电灼伤两种,见表1.2。

图 1.1 触电

第1章 电气安全基础知识

表1.2　　　　　　　　　　　　　电流对人体的伤害

种类	定义	症状	伤害性
电击伤	指当电流通过人体内部器官，使其受到伤害	如电流作用于人体中枢神经，使心脑和呼吸机能的正常工作受到破坏，人体发生抽搐和痉挛，失去知觉；电流也可能使人体呼吸功能紊乱，血液循环系统活动大大减弱而造成假死	电击是指人体触电较危险的情况，绝大多数触电死亡事故都是由于电击所造成的。如果救护不及时，就会造成死亡
电灼伤	指人体外器官受到电流的伤害	如电弧造成的灼伤；电的烙印；由电流的化学效应而造成的皮肤金属化；电磁场的辐射作用等，其中，以电弧烧伤最为严重	电伤是人体触电事故较为轻微的一种情况，与电击相比，电伤多数为局部性伤害，电伤往往与电击同时发生

1.2.1.2　电流危害人体的因素

电流对人体危害主要与电流大小、电流频率、通电时间长短和电流路径等因素有关，见表1.3。

表1.3　　　　　　　　　　　　电流对人体危害的因素

危险因素	说　　明
电流大小	通过人体的电流越大，人体的生理反应就越明显，感应就越强烈，引起心室颤动所需的时间就越短，致命的危害就越大
电流频率	一般认为，40～60Hz的交流电对人最危险。随着频率的增加，危险性将降低。当电源频率大于20000Hz时，所产生的损害明显减小，但高压高频电流对人体仍然是十分危险的
电流路径	电流在人体内流过的路径，对人体触电的严重性有密切关系
通电时间长短	通电时间越长，越容易引起心室颤动，死亡的危险性越大

知识拓展——人体工频电流试验的典型资料

电流通过人体，会令人有发麻、刺痛、压迫、打击等感觉，还会令人产生痉挛、血压升高、昏迷、心律不齐、窒息、心室颤动等症状，严重时可导致死亡。人体工频电流试验的典型资料见表1.4和表1.5。

表1.4　　　　　　　　左手-右手电流途径的试验资料　　　　　　　　单位：mA

感觉情况	初试者百分数		
	5%	50%	95%
手表面有感觉	0.7	1.2	1.7
手表面有麻痹似的连续针刺感	1.0	2.0	3.0
手关节有连续针刺感	1.5	2.5	3.5
手有轻微颤动，关节有受压迫感	2.0	3.2	4.4
上肢有强力压迫的轻度痉挛	2.5	4.0	5.5
上肢有轻度痉挛	3.2	5.2	7.2
手硬直有痉挛，但能伸开，已感觉到轻度痉挛	4.2	6.2	8.2
上肢部、手有剧烈痉挛，失去知觉，手的前表面有连续针刺感	4.3	6.6	8.2
手的肌肉直到肩部全面痉挛，还可能摆脱带电体	7.0	11.0	15.0

1.2 触电事故

表 1.5　　　　　　　单手-双脚电流途径的试验资料　　　　　　单位：mA

感 觉 情 况	初试者百分数		
	5%	50%	95%
手表面有感觉	0.9	2.2	3.5
手表面有麻痹似的连续针刺感	1.8	3.4	5.0
手关节有轻度压迫感，有轻度的连续针刺感	2.9	4.8	6.7
前肢有压迫感	4.0	6.0	8.0
前肢有压迫感，足掌开始有连续针刺感	5.3	7.6	10.0
手关节有轻度痉挛，手动作困难	5.5	8.5	11.5
上肢有连续刺感，腕部、特别是手关节有轻度痉挛	6.5	9.5	12.5
肩部以下有轻度连续针刺感，肘部以下僵直。还可以摆脱带电体	7.5	11.0	14.5
手指关节、趾骨、足眼有压迫感，手的大拇指（全部）痉挛	8.8	12.3	15.8
只有尽最大努力才可能摆脱带电体	10.0	14	18.0

1.2.2 触电方式、原因及规律

1.2.2.1 人体触电的方式

人体是导体，当人体接触到具有不同电位的两点时，由于电位差的作用，就会在人体内形成电流，这种现象就是触电。

根据电流通过人体的路径和触及带电体的方式，一般可将触电分为单相触电、两相触电、跨步电压触电和接触电压触电等，见表 1.6 和图 1.2。

表 1.6　　　　　　　　　　触电的形式

触电类型	说　　明	图　　示
单相触电	当人体某一部位与大地接触，另一部位与一相带电体接触时所致的触电事故称为单相触电	(a) 中性点直接接地　(b) 中性点不直接接地
两相触电	发生触电时，人体的不同部位同时触电两相带电体，称为两相触电。两相触电时，相与相之间以人体作为负载形成回路电流。此时，流过人体的电流大小完全取决于电流路径和供电电网的电压	

续表

触电类型	说 明	图 示
跨步电压触电	当电气设备发生接地故障时，接地电流通过接地体向大地流散，在地面上形成分布电位，这时若人在接地短路点周围行走，其两脚之间（人的跨步一般按 0.8m 来考虑）的电位差，就是跨步电压。由跨步电压引起的人体触电，称为跨步电压触电	
接触电压触电	当人站在故障设备旁边，手接触漏电设备的金属外壳（或与漏电设备有金属的其他构架等），即有一个电压加在人体的手、腿之间，这个电压因人体接触而来，称为"接触电压"。这种触电称为"接触电压触电"	

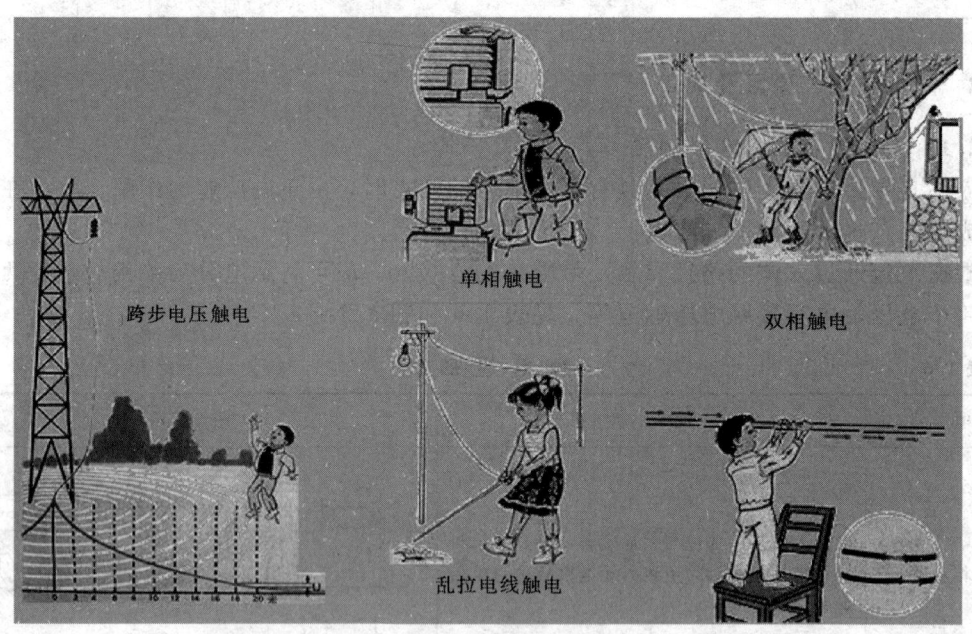

图 1.2　4 种常见的触电情况

案例分析

（1）某年 8 月，一场龙卷风袭击了某县百溪镇东部，一条 10kV 线路 C 相被龙卷风刮断落在地上。大风过后，水岩村村民陈某下地干活，没有发现被刮断的电线，在走到距电线落地点 5m 左右时，两腿一麻倒在了地上而死亡。事后经鉴定，陈某系跨步电压触电而亡。

（2）某年，江南某村吴某在水田里用牛耕地，当他赶着牛耕到村低压线路一拉线旁时，耕牛突然倒地，吴某不知什么原因，急忙上前查看，并已感到水田中有麻人感觉，意识到水田中有电,慌忙去找村电工。村电工立即前往检查,发现是一条铁丝搭在了火线与拉线上,造成拉线带电,耕牛受跨步电压触电倒地死亡。由于吴某在后面距拉线较远,并且人的步距小,跨步电压低,才没有造成人员伤亡。

(3) 某市郊电杆上的电线被风刮断,掉在水田中,一小学生把一群鸭子赶进水田,当鸭子游到落地的断线附近时,一只只死去,小学生便下田去捡死去的鸭子,未跨几步便被电击倒。爷爷赶到田边急忙跳入水中拉孙子,也被电击倒。小学生的父亲闻讯赶到,见鸭死人亡,又下田抢救也被电击倒。一家三代均死在水田中。

1.2.2.2 人体触电的原因

造成人体触电的原因很多,可分为主观原因和客观原因两大类。

(1) 主观原因造成的触电。

1) 缺乏电气安全知识。例如,低压架空线折断后不停电,用手误碰火线;在光线较弱的情况下带电接线,误触带电体;手触摸破损的胶盖刀闸等。

2) 违反安全操作规程。例如,在高、低压同杆加红色的线路电杆上检修低压线或广播线时碰触有电导线;在高压线路下修造房屋接触高压线;剪修高压线附近树木接触高压线;带电拉临时照明线;带电修理电动工具、换行灯变压器、搬动用电设备;火线误接在电动工具外壳上;用湿手拧灯泡;安装接线不规范等,如图1.3所示。

(2) 客观原因造成的触电。

1) 设备不合格。例如,高压架空线架设高度离房屋等建筑的距离不符合安全距离,高压线和附近树木的距离太短;高、低压线路交叉,低压线误设在高压线上面;用电设备进出线未包扎好,裸露在外;人触及不合格的临时线等。

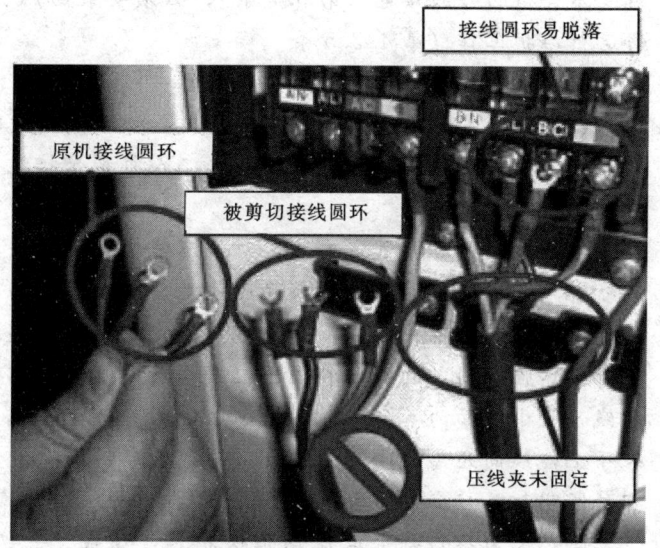

图1.3 接线不规范示例

2) 设备管理不善。例如,大风刮断低压线路和刮倒电杆后,没有及时处理;胶盖刀闸胶木盖破损长期不修理;瓷瓶破裂导致火线与电线杆的拉线长期相碰;水泵电动机接线破损使外壳长期带电;绝缘损坏,发生漏电等。

3) 其他偶然因素。例如,大风刮断电力线路触到人体;人体手雷击等。

案例分析:私拉乱接用电引起触电事故

1. 事故经过

双龙村李某为了节省电费,让儿子把厨房的灯线接长,厨房、牛屋、院里共用一盏灯,哪里用就往哪里拉。当村电工发现后告诉他这样做容易出事时,他两眼一瞪说:"出了事也不让你管!"就这样,两年过去了。随着时间的推移,灯线拉来拖去,外面纱包已发毛脱落，橡胶绝缘层也开始出现龟裂。电工自己出钱买了台家用剩余电流动作保护器给它装上。转眼又到了夏天，这天晚上，当李某又拉灯往牛屋喂牛时，手抓住了已脱落绝缘层的花线，当即"啊"了一声，倒在了地上。这时，全家的灯突然全灭了。原来是李某触电后，引起剩余电流动作保护器动作，跳了闸，这才救了他一命。这下李某彻底服了输，见人就说私拉乱接的危害和安装剩余电流动作保护器的好处，成了村中安全用电的宣传员，并把村电工叫来，让他抓紧时间整改自己家中的线路，再不乱拉电线了。

2. 事故原因分析

《农村安全用电规程》(DLA 93—2001)规定，用户用电或临时用电应向当地电力企业申请(第5.3条)；用电设施安装应符合《低压电力技术规程》(DL/T 499—2001)规定的要求，验收合格后方可接电，不准私拉乱接用电设备，临时用电期间，用户应该设专人看管临时用电设施，用完时拆除(第5.4条)；严禁使用挂钩线、破股线、地爬线和绝缘不合格的导线接电(第5.7条)；必须安装防触、漏电的剩余电流动作保护器，并做好运行维护工作(第4.3.5条)。

3. 事故防范对策

(1) 加强安全教育，普及安全用电知识，向广大群众讲明私拉乱接的危害。电气设备的安装、修理要找电工，不能请非电工人员帮忙接线，因为这些人不懂得有关规程规定和操作要求。

(2) 照明灯具要固定安装，灯线不能太长，灯头距地面的距离不能低于2.5m。

(3) 用于修理等用途的移动照明灯具，应使用与电源隔离的安全行灯变压器。安全行灯变压器的二次电压应依据使用环境而定，但不能超过36V。

(4) 临时用电的线路和设备应符合有关规定，临时架空线路的导线应采用合格的绝缘电线，最小截面为$6mm^2$，电线对地距离不低于3m，挡距不超过25m。电线应固定在绝缘子上，线间距离不小于0.2m，用后及时拆除。使用导线截面大的还应装设临时拉线。室外照明灯具应安装防雨罩。

(5) 大力推广剩余电流动作保护器，组成"三级"保护网，以减少触电伤亡事故的发生。

1.2.2.3 触电事故的一般规律

触电事故往往发生得很偶然，且经常在极短的时间内造成严重的后果，死亡率较高。触电事故有一些规律，掌握这些规律对于安全检查和实施安全技术措施及安排其他的电气安全工作有很大意义。触电事故的一般规律见表1.7。

表1.7　　　　　　　　　　触电事故的一般规律

一般规律	原 因 分 析
有明显季节性	据数据统计，每年二三季度事故多，特别是6—9月事故最为集中。其主要原因有：①天气炎热、人体衣单而多汗，电击危险性较大；②多雨、潮湿，地面导电性增强，容易构成电击电流的回路，而且电气设备的绝缘电阻降低，容易漏电；③在大部分农村都是农忙季节，农村用电量增加，电击事故因而增多

1.2 触电事故

续表

一般规律	原 因 分 析
低压触电多于高压触电	主要原因是低压设备多，低压电网广，与人接触机会多；设备简陋，管理不严，思想麻痹；群众缺乏电气安全的知识。但是，这与专业电工的触电事故比例相反，即专业电工的高压触电事故比低压触电事故多
地域差域	据统计，农村触电事故多于城市，主要原因是农村用电设备因陋就简，技术水平低，管理不严，电气安全知识缺乏
事故多发生在电气连接部位	统计资料表明，电气事故点多数发生在接线端、压接头、焊接头、电线接头、电缆头、灯头、插座、控制器、接触器等分支线、接户线处。主要原因是由于电气连接部位机械牢固性较差、接触电阻较大、绝缘强度较低以及可能发生化学反应的缘故
携带式设备和移动式设备触电事故多	携带式设备和移动式设备电击事故多的主要原因是：一方面，这些设备是在人的紧握之下工作，不但接触电阻小，而且一旦电击就难以摆脱电源；另一方面，这些设备需要经常移动，工作条件差，设备和电源线都容易发生故障或损坏。此外，单相携带式设备的保护零线与工作零线容易接错，也会造成触电事故
错误操作和违章作业造成的触电事故	统计资料表明，有85%以上的事故是由于错误操作和违章作业造成的。其主要原因是安全教育不够、安全制度不严和安全措施不完善、操作者素质不高等
不同年龄段的人员电击事故不同	中青年工人、非专业电工、合同工和临时工电击事故多。其主要原因是由于这些人是主要操作者，经常接触电气设备；而且，这些人经验不足，又比较缺乏电气安全知识，其中有的人责任心不够强，因此电击事故多

1.2.3 安全电压

把可能加在人身上的电压限制在某一范围之内，使得在这种电压下，通过人体的电流不超过允许范围，这种电压就叫做安全电压，也叫安全特低电压。我国确定的安全电压等级是 42V、36V、24V、12V、6V。常用安全电压的适用对象见表 1.8。

表 1.8   常用安全电压的适用对象

电压等级/V	适 用 对 象
42	在有触电危险的场所使用的移动家用电器、手持式电动工具等
36	潮湿场所，如矿井、地下室、地道、多导电粉尘类的场所适用的电气线路、照明灯及其他用电器具
24	工作面积狭窄，操作者易大面积接触带电体的场所，如锅炉、金属容器内、大型金属管道内
12	因工作需要，人体必须长期带电触及电气线路或设备的场所
6	在水下作业等工作场所

指点迷津

安全电压是相对安全的电压，而不是绝对安全的，因此采用时也应注意下列事项：

（1）安全电压应由双绕组变压器降压提供，禁止采用电阻降压或自耦合变压器降压的办法提供。

(2) 安全变压器的铁芯和外壳均应接地，以防止一、二次绕组间绝缘击穿时高压窜入低压回路引起触电危险。此外，还应在高、低压回路中装设熔断器进行短路保护。

(3) 使用12～36V安全电压的行灯，禁止使用灯头开关。

(4) 行灯的灯泡外面应有可靠的金属保护网，金属保护网应安装在绝缘把手上，不应装在灯头上。

(5) 安全电压的插销座不得带有保护插头或插孔，并应有防止与其他电压等级的插销座互相插错的安全措施。

温故知新

(1) 触电原因有哪些？

(2) 触电有哪些规律可循？掌握这些规律有何意义？

(3) 什么是电击伤？什么是电灼伤？

(4) 电流对人体的危害与哪些因素有关？

(5) 人体触电主要有哪些形式？

1.3 触电急救

1.3.1 触电急救原则

现场抢救触电者基本原则可归纳为8个字，即迅速、准确、就地、坚持。

(1) 迅速脱离电源。当发现有人触电时，切不可惊慌失措，应设法尽快将触电者所接触的那一部分带电设备的开关、刀闸或其他断路设备断开，使触电者脱离电源。迅速脱离电源是减轻伤害和救护触电者的关键。

救护人员在救治他人的同时，也要注意保护自己。在触电者未脱离电源前，救护人员在未采取任何安全措施的情况下，不准直接用手触及伤员；否则会有触电危险。

如果触电者所处的位置较高，必须预防断电后人从高处摔下的危险，应采取一定的安全措施加以保护。

抢救时，要分清是高压还是低压触电，然后采取相应的措施使触电者脱离电源，而又不使救护人触电。

(2) 准确进行救治。施行人工呼吸和胸外心脏按压时，动作必须准确，救治才会有效。如果不准确，要么救生无望，要么是将触电者的胸骨压断。

(3) 就地进行抢救。一旦触电者脱离电源，抢救人员必须在现场或附近就地救治触电者，千万不要长途送往医院或供电部门去抢救，以免耽误最佳抢救时机。

(4) 救治要坚持到底。抢救要坚持不断，不可轻率中止。只要有百分之一的希望就要百分之百地努力抢救。历史上曾有抢救了7h才把触电者救活的案例。

1.3.2 触电急救方式

触电急救方式有自救、互救、医务抢救3种，见表1.9。

1.3 触电急救

表1.9　　　　　　　　　　　触电急救的方式

急救方式	急救方法
自救	当触电者清醒时，要努力让自己脱离电源，并要防止操作撞伤等二次事故
互救	对于他人触电，首先要让触电者脱离电源，具体方法如下： （1）迅速拉闸或拔掉插头或切断电线，如图1.4（a）所示。 （2）迅速用绝缘工具，如干燥的竹、木棍等挑开触电者身上的导线或电气用具，如图1.4（b）所示。 （3）站立在干燥的木板、衣物等绝缘物上，戴绝缘手套或裹着干燥衣物拉开导线、电气用具或触电者。 （4）触电者脱离电源后，根据病情及时拨打120急救电话，如图1.4（c）所示
医务抢救	触电者脱离电源后，必须根据情况立即就地实施抢救，即使是在送医院的途中也不能停止抢救，如图1.5所示，根据统计，抢救及时、方法正确的，均有良好的效果；时间拖久了才开始抢救，救活比例很小

（a）及时切断电源

（b）让触电者迅速脱离电源

（c）迅速拨打120急救电话

图1.4　触电互救方法

1.3.3　让触电者脱离电源的方法

发现有人触电时，最重要的抢救措施是先迅速切断电源，再抢救伤者。帮助触电者脱离低压电源的方法有以下几种：

（1）切断电源。如果开关距离触电地点较近，应迅速就近拉开电源开关或刀闸、拔除电源插头等，如图1.6所示。

（2）割断电源线。如果电源开关或电源插座距离触电现场较远，则可用有绝缘手柄的电工钳或有干燥木柄的斧头、铁锹等利器割断电源线，割断点最好选择导线在电源侧有支持物处，以防止带电导线断落，触及其他人体。

（3）挑、拉电源线。如果导线搭落在触电者

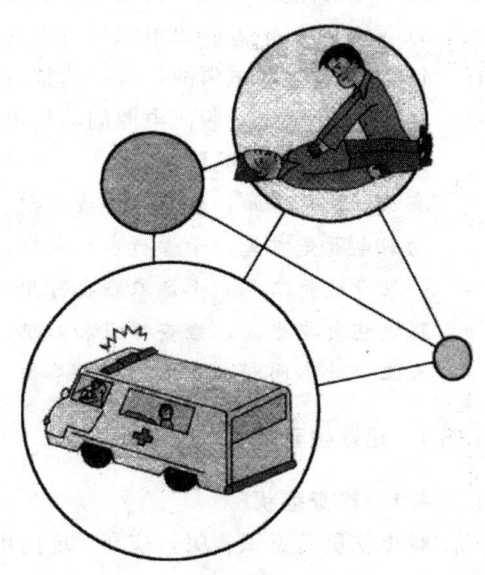

图1.5　送医院途中的抢救

身上或压在身下，并且电源开关又不在触电现场附近时，抢救者应使用身边一切可能得到的绝缘物，如干燥的木棒、竹竿等，挑开导线或用干燥的绝缘绳索套拉导线或触电者，使其脱离电源，如图 1.7 所示。

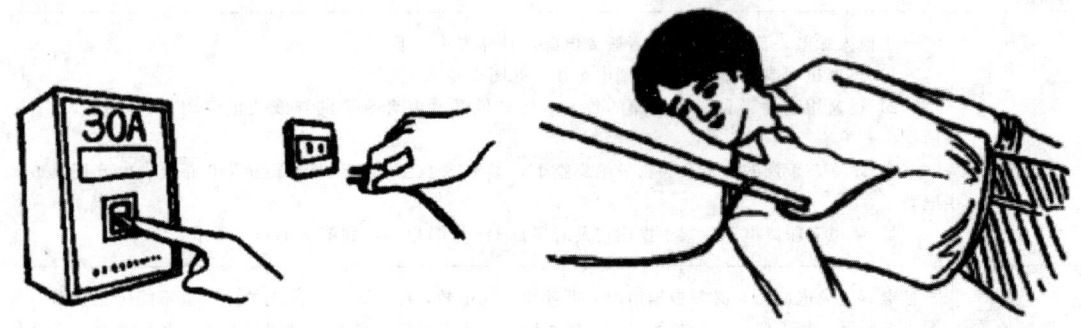

图 1.6　切断电源　　　　　　　　图 1.7　挑、拉电源线

（4）利用绝缘物，拉开触电者。救护人可一只手戴上绝缘手套或将手用干燥衣物、围巾等绝缘物包起来，把触电者拉开，也可抓住触电者干燥而不贴身的衣服，将其拖开，但切勿碰金属物体和触电者的裸露身躯。

（5）救护人可站在干燥的木板、木凳或绝缘垫上，用一只手把触电者拉脱电源。

（6）如果电流通过触电者入地，并且触电者紧握电线，则可首先用干燥的木板塞到触电者身下，使其与地绝缘，以此隔断电源，然后用绝缘器具将导线剪（切）断。救护人员尽可能站在干木板或绝缘垫上。

（7）帮助触电者脱离电源应注意以下事项：

1）救护人不可直接用手或其他金属及潮湿的物件作为救护工具，而必须使用适当的绝缘工具。

2）一般情况下，救护人应用单手操作。

3）要防止触电者脱离电源后可能的摔伤等。

4）夜间发生触电事故，应迅速解决临时照明问题。

5）尽快让触电者脱离电源固然很重要，但更重要的是保护好自己不触电。

指点迷津——记忆口诀

有人触电莫手牵，伤员脱电最关键。

切断电源是首先，干燥竹木挑电线。

如果身边无工具，干燥衣服也可用。

脱电伤员要平放，检查呼吸和心跳。

人工急救不间断，联系医生要尽快。

1.3.4　迅速检查症状

1.3.4.1　检查症状

触电伤员若意识丧失，应在 10s 内用看、听、试的方法，迅速判定伤员的呼吸、心跳情况，如图 1.8 所示。

1.3 触 电 急 救

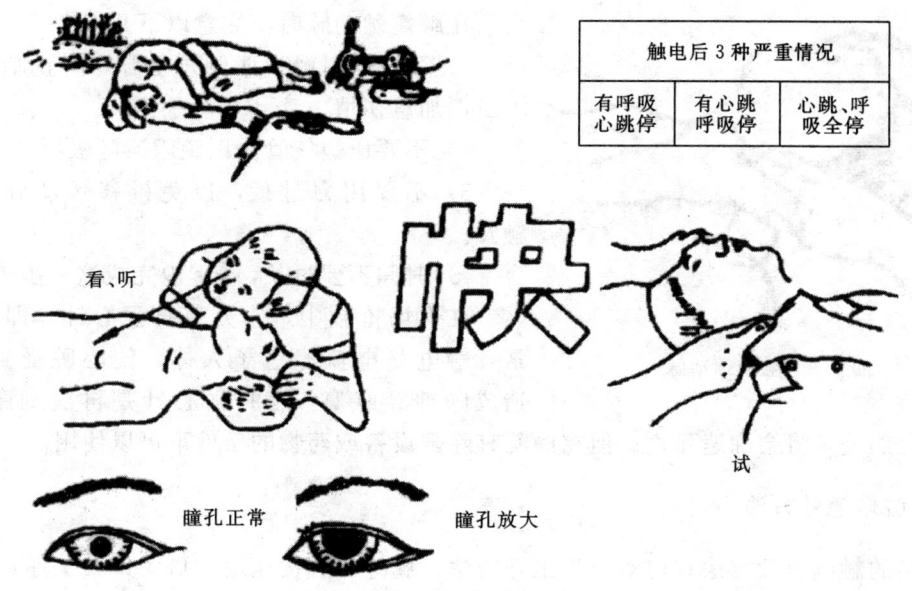

图 1.8 迅速检查症状

看——观看患者胸、腹部有无起伏动作。

听——用耳部贴近患者口鼻处,听有无呼气声音。

试——用面颊测试口、鼻部有无呼气的气流。如果胸腹部不起伏,也无呼气气流,则患者已无呼吸。

若看、听、试结果,既无呼吸又无颈动脉搏动,则可判定为呼吸、心跳停止,应立即进行急救。

1.3.4.2 现场心肺复苏时判定心脏停止的方法

(1) 心脏停止的临床表现。心脏停止的诊断在手术过程中发现并不困难,但在日常公共场所如溪边、工厂或病人住所等,心脏停止的诊断有时不太容易,心脏停止的临床表现主要如下:

1) 神志突然丧失。
2) 颈动脉搏动消失。
3) 面色苍白或发紫。
4) 瞳孔散大。
5) 心音不能听清。
6) 呼吸变为不规则或停止。

抢救时应避免浪费宝贵时间,不要等待以上所有体征都出现后才开始心肺复苏,神志丧失和颈动脉搏动消失为主要可靠指征,一旦确定诊断,应当机立断迅速开始心肺复苏。

(2) 如何触摸颈动脉。可用食指及中指指尖先触及气管正中部位,男性可先触及喉结,然后向下滑移 2~3cm,在气管旁软组织处轻轻触摸颈动脉搏动情况。如有脉搏,即可触知搏动,如未触及颈动脉搏动,表明心跳已停,应立即开始胸外按压。触摸颈动脉如图 1.9 所示。

第1章 电气安全基础知识

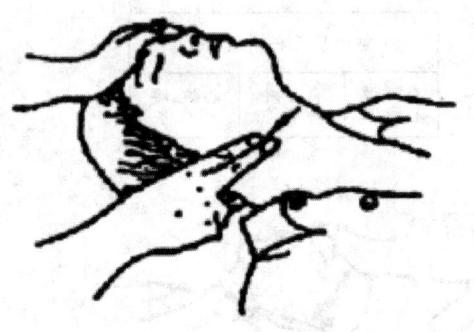

图1.9 触摸颈动脉

在触摸颈动脉时应注意以下几点：

1）不要同时触摸两侧颈动脉，防止脑部供血中断，加重伤情。

2）不要压迫气管，以免阻碍呼吸。

3）不要用力过猛，以免推移颈动脉，妨碍触及。

4）时间不要过长，10s内完成这一步骤。

在现场抢救中，千万莫打强心针，即肾上腺素，触电是电流经过了人体，使心脏受到损伤，造成脑神经麻痹，若打强心针是再次刺激心脏，如同雪上加霜，将会加速死亡。但在医院有除颤设备或药物的条件下可以使用。

1.3.5 触电急救方法

常用的触电急救方法有口对口人工呼吸法、胸外心脏按压法、口对口人工呼吸和胸外心脏按压法并用。

1.3.5.1 口对口人工呼吸法

（1）触电者症状。呼吸微弱甚至停止，但心跳尚存。

（2）抢救方法。

1）将病人平卧、开放气道，救护人跪在其头部的左边或右边。

2）一只手捏紧病人鼻孔，另一只手中指、食指并拢，推病人的下颌骨，以保持其气道开放。

3）救护人做深吸气后屏住，用自己的嘴唇包绕封住病人的嘴做大口吹气（要求快而深），并观察病人胸部的起伏情况，如图1.10所示。

4）一次吹气完毕，应立即与病人口部脱离，放开鼻孔，让病人自动向外呼气。

按以上步骤连续不断地进行人工呼吸。吹2s停3s，5s为一个周期最为恰当，对成年人每分钟吹气12～16次，每次吹气量800～1200mL。

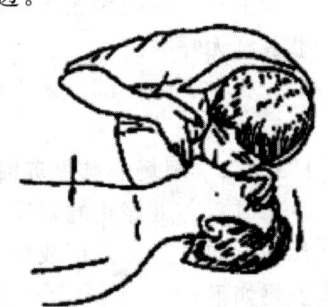

图1.10 口对口人工呼吸法

指点迷津

口对口人工呼吸动作要领口诀：

伤员仰卧平地上，解开领扣松衣裳。

张口捏鼻手抬颌，贴嘴吹气看张胸。

张口困难吹鼻孔，五秒一次吹正常。

吹气多少看对象，大人小孩要适当。

1.3.5.2 口对鼻人工呼吸法

在伤员有严重的下颌和嘴唇外伤、牙关紧闭、下颌骨折等难以做到口对口密封时采用口对鼻人工呼吸法。

（1）抢救者用一只手放在伤员前额上，使其头部后仰，用另一只手抬起伤员的下颌，并使口闭合。

（2）抢救者做一深吸气，用嘴唇包绕封住伤员鼻孔，向鼻内吹气。

（3）抢救者的口部移开，让伤员被动将气呼出，依此反复进行。

1.3.5.3 胸外心脏按压法

（1）触电者症状。心跳微弱、不规则或停止，但呼吸尚存。

（2）胸外心脏按压前的准备工作。

1）在进行胸外心脏按压前，应先测试颈动脉有无脉搏。如有脉搏，进行胸外按压就可能导致严重的并发症；如无脉搏，应在进行两次人工呼吸后立即进行胸外心脏按压。

2）伤员应仰面躺平在平硬处（地面、地板或木板上），头部放平，如头部比心脏高，则会减小流向头部的血流量。下肢可抬高 30cm 左右，以帮助静脉回流。救护者跪在伤员的肩旁，两脚分开，准备按压。

（3）胸外心脏按压操作。

1）确定胸外心脏按压的正确部位。正确按压部位如图 1.11 所示。救护者一只手的食指紧挨着中指置于胸骨的下端，另一只手的掌根紧挨着食指放在胸骨上，掌根处即为正确的胸外按压部位。

按压部位的正确与否，是保证胸外心脏按压实施效果好坏的重要前提，并可防止胸肋骨骨折和各种并发症的发生，所以手掌一定要落在正确部位。

2）做好按压的正确姿势。救护人跪在地面上，身体尽量靠近伤员，面对伤员心脏部位；腰部稍弯曲，上身略向前倾，两臂刚好垂直于正确按压部位的上方，使压力每次均直接压向胸骨，肘关节要绷直不屈曲，手指翘起，离开胸壁和肋骨，只允许掌根接触按压部位。

3）进行按压。把另一只手叠放在先前那只手掌上，十指上下交叉紧锁，救护者双肩的位置应在伤员的胸骨上方，两臂伸直。按压姿势与用力方法如图 1.12 所示。

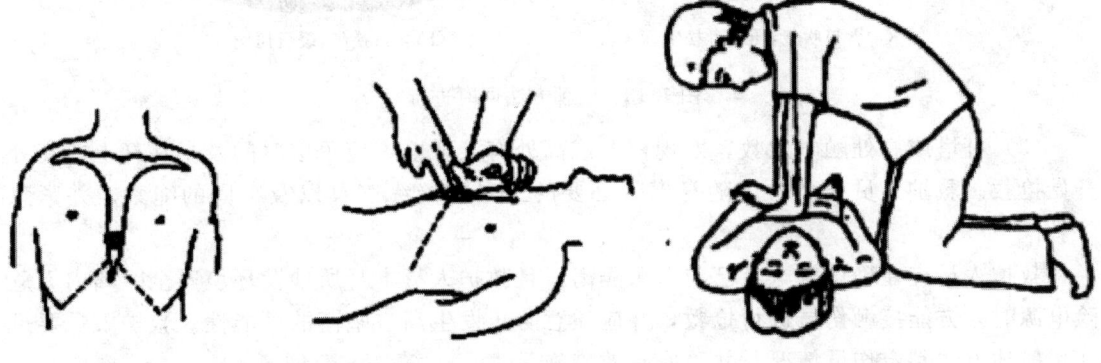

图 1.11 正确的按压部位　　　　　图 1.12 按压姿势与用力方法

4）操作时，以垂直方向按压胸骨的下半部（即正确的按压部位），成人压陷的深度一般为 3.8～5cm，然后掌跟要立即全部放松（但双手不要离开胸部），以使胸部自动复原，让血液回，流入心脏。重复以上动作，以每分钟 80～100 次的速率，连续有规律地做 15

次。放松时间应与按压时间相等，各占50%。

5）接着救护者转到伤员头部，先使他气道畅通，然后做两次口对口人工呼吸。

指点迷津

胸外心脏挤压法动作要领口诀：

病人仰卧硬板床，通畅气道有保障。

手沿肋弓找切迹，掌跟靠在食指上。

两手上下要重叠，垂直压向脊柱上。

上下按压要重叠，两肩垂直冲击量。

用力按压心收缩，迅速放松心舒张。

一秒一次较适宜，节奏均匀力适当。

颈脉搏动能触及，按压效果才够上。

1.3.5.4 口对口人工呼吸和胸外心脏按压法并用

（1）触电者症状。呼吸和心跳均停止。

（2）抢救方法。

1）一人抢救。采用两种方法交替进行，即吹气2～3次，再按压心脏10～15次，而且吹气和挤压的速度可提高一些。

2）两人抢救。每5s吹气一次，每1s挤压一次，两人同时交替进行，如图1.13所示。

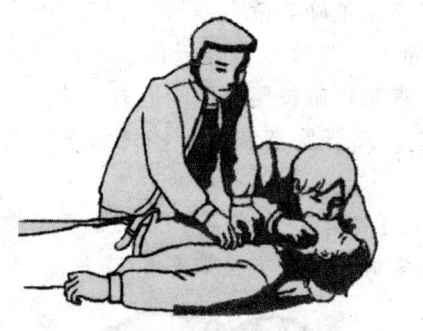
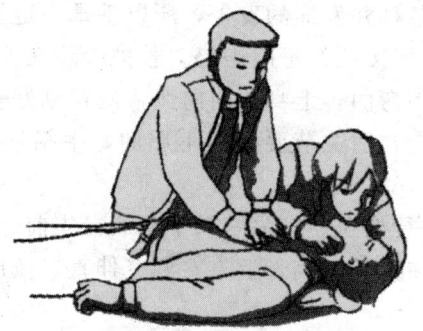

(a) 含口吹气，压胸者松手　　　(b) 含口换气，缓缓压胸

图1.13 两种方法同时进行

（3）杆塔或高处触电急救。发现杆上或高处有人触电，应争取时间及早在杆上或高处开始抢救。救护人员登高时应随身携带必要的工具和绝缘工具以及牢固的绳索，并紧急呼救。

救护人员应在确认触电者已与电源隔离，且救护人员本身所涉及环境安全距离内无危险电源时，方能接触伤员进行抢救，并应注意防止发生高空坠落的可能性。救护人员要迅速按前述方法判定伤员情况，并采取有效措施。

高处发生触电，为使抢救更为有效，应及早设法将伤员送至地面，应立即用绳索参照图1.14所示的方法迅速将伤员送至地面，或采取可能的、迅速有效的措施将伤员送至平台上。

在将伤员由高处送至地面前，应口对口（鼻）吹气4次。触电伤员送至地面后，应立即继续按照心脏按压法坚持抢救。

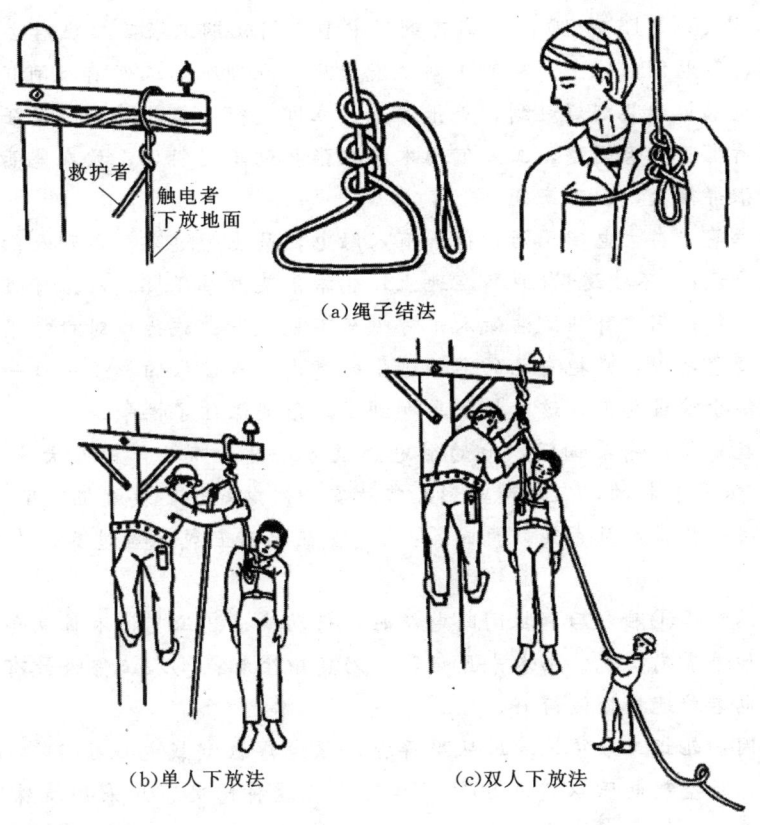

图 1.14 单人、双人下放伤员

1.3.6 救护注意事项

(1) 1.3.5 中所述的心肺复苏法只有在伤员的呼吸和心跳都停止时才可使用。

(2) 心肺复苏法绝不可以用真人作为演练的对象,要用人体模型进行演练。

(3) 若伤员呼吸、心跳都停止了,宜采用人工呼吸和胸外心脏按压交叉救护。其操作节奏为:单人、双人抢救时,均为每按压 15 次后,吹气两次,反复进行。

(4) 在抢救过程中,应用上述介绍的看、听、试的方法,在 5~7s 时间内,对伤员的呼吸和心跳是否恢复进行再判定。若判定颈动脉已有搏动但无呼吸,则暂停胸外心脏按压,可再进行两次口对口人工呼吸,接着每 5s 吹气一次。如脉搏和呼吸均未恢复,则继续用人工呼吸和胸外心脏按压法进行抢救。

(5) 抢救应在现场就地坚持进行,不要为图方便而随意移动伤员。只有在条件不允许时,才可将伤员抬到可靠地方施行急救。在将伤员移动和送往医院途中,抢救工作也不要停止,除非伤员呼吸和心跳完全恢复正常或者经医务人员判断死亡。

(6) 由单人转向双人复苏的合理时机是:紧接单人复苏完成 15 次胸外按压、2 次吹气的周期之后。

案例分析：触电急救成功案例

1995年8月16日16时10分，某轧钢厂中型车间轧钢工张某接班后去轧机二架后焊轧槽，施焊时，触电倒在地上。轧钢工刘某发现后，立即跑到二架前拉闸断电。

现场工艺技术员谢某刚好赶到，见张休克，立即进行人工体外心脏按压，几分钟后张缓过气来。看看张某没啥问题，工友们用木板把张抬到车间门口，放在地面上。此时张某又休克了，口张得很大，出不来气。

电工班长卢某正在主电室干活，得知有人触电，马上跑过来，看到人们准备送张某去医院，立即制止说："不能送！"卢蹲在地上，想给张某做拉压臂式人工呼吸，但张的胳膊烫伤了，此法不行；用仰卧压胸法做人工呼吸又不见效果；施行口对口呼吸法，张的嘴又张开得很大，情急之中，卢把自己的嘴伸进张的嘴内，捏住张的鼻子一口一口吹气，吹到第7口气时张终于喘过气来，这时救护车也到了，张某保住了性命。

人们向抢救张某的谢某询问，他的触电急救方法是从哪儿学的？大学里是否有此课程？谢回答："家是农村的，农村演电影经常放安全用电知识，我就记下了。"

人们又问另一抢救人员卢某，卢回答："我曾在北京卫戍区当过兵，在连队时经常一对一练习急救。"

成功急救总结：①触电后，拉闸断电及时，行动快；②工艺技术员也会现场急救，难能可贵；③嘴伸进嘴内吹气，书本未见记载，乃急中生智；④人工呼吸最有效的方法还是口对口；⑤触电者就地抢救做得好。

事故的原因：轧钢工未穿绝缘鞋从事焊接，该电焊机空载电压110V，远远超过交流电焊机手工操作时空载电压不超过80V的规定，在这种情况下应采用特殊防护措施后才允许作业。

1.4 创伤急救

1.4.1 创伤急救的基本要求

人体是非常脆弱的，在遭受外力的打击下，很容易受到伤害，即使是身体健康的青壮年，在遭受严重创伤后，如不能及时急救，也会很快死亡。据统计，35岁以下的人群导致死亡的主要原因是创伤。创伤经常发生在户外活动中，可在短时间内对人体造成巨大的伤害。

因此，平时学习掌握一些有关创伤的急救常识，关键时刻就知道该怎样去做，开展自救互救，挽救生命，减轻或避免伤残。

创伤急救的基本要求如下：

（1）创伤急救原则上是先抢救，后固定，再搬运，并注意采取措施，防止伤情加重或污染。需要送医院救治的，应立即做好保护伤员措施后送医院救治。

（2）抢救前先使伤员安静躺平，判断全身情况和受伤程度，如有无出血、骨折和休克等。

（3）外部出血立即采取止血措施，防止失血过多而休克。外观无伤，但呈休克状态，神志不清或昏迷者，要考虑胸腹部内脏或脑部受伤的可能性。

（4）防止伤口感染，应用清洁布片覆盖。救护人员不得用手直接接触伤口，更不得在伤口内填塞任何东西或随便用药。

（5）搬运时应使伤员平躺在担架上，腰部束在担架上，防止跌下。平地搬运时伤员头部在后，上楼、下楼、下坡时头部在上，搬运中应严密观察伤员，防止伤情突变。

1.4.2 止血

血液是维持生命的重要物质。急性大出血是人体受到外伤后早期致死的主要原因。因此，当人体受到外伤时，首要的是在现场立即采取有效的止血措施，防止因大出血引起休克，甚至死亡。

常用的止血方法有指压止血法、加压包扎止血法、填塞止血法和止血带止血法等。

温故知新

（1）触电急救有哪些基本方式？

（2）如果有人触电，你怎样选择合适的方法使触电者尽快脱离电源？

（3）胸外心脏按压法的操作步骤是什么？

（4）用自己的话说一说口对口人工呼吸的操作要领。

（5）以小组为单位，练习口对口人工呼吸法、胸外心脏按压法。

1.5 电气火灾与爆炸

1.5.1 火灾和爆炸的基本概念

1.5.1.1 火灾

超出有效控制范围而形成灾害的燃烧称为火灾。可燃物在空气中的燃烧是最普遍的现象，因而绝大多数火灾都是发生在空气中的。

燃烧的实质是伴随有热和光的强烈的氧化反应。它的发生必须有3个基本要素，即可燃物质、助燃物质（氧化剂）和着火源。凡能与空气中的氧或其他氧化剂起剧烈化学反应的物质都称为可燃物质。例如，木材、纸张、煤等是固体可燃物；甲烷、乙炔、氢等是气体可燃物；酒精、绝缘油等是液体可燃物。具有较强的氧化性、能与可燃物发生化学反应并引起燃烧的物质，称为助燃物质，如空气、氧气等。具有一定温度和热量、能引起可燃物质着火的能源，称为着火源，如明火、灼热物体、电火花、电弧等。着火源不参加燃烧，但它是可燃物质与助燃物进行燃烧发生化学反应的起始条件。

以上3个要素必须同时存在并相互作用才能发生燃烧，缺一不可。

1.5.1.2 爆炸

物质发生剧烈的物理或化学变化，瞬间释放大量的能量，产生高温高压的气体，使周围空气发生猛烈震荡而发出巨大声响的现象称为爆炸。爆炸的特征是物质的状态或成分瞬间变化，温度和压力骤然升高，能量突然释放。爆炸往往是与火灾密切相关的，火灾能引起爆炸，爆炸后伴随发生火灾。

根据爆炸性质的不同，爆炸可分为物理性爆炸、化学性爆炸和核爆炸3类。

(1) 物理性爆炸。这是由于物质的物理变化如温度、压力、体积等的变化引起的爆炸。物理爆炸过程不产生新的物质，完全是物理变化过程，如蒸汽锅炉、蒸汽管道的爆炸是由于其压力超过锅炉或管道能承受的极限压力所引起的。物理性爆炸一般不会直接发生火灾，但能间接引起火灾。

(2) 化学性爆炸。物质在短时间完成化学反应，形成其他物质，产生高温高压的气体而引起的爆炸。其特点是：这种爆炸过程中含化学变化过程且速度极快，有新的物质产生，伴随有高温及强大的冲击波。例如，梯恩梯（TNT）炸药、氢气与氧气混合物的爆炸，其破坏力极强。由于化学性爆炸内含剧烈的氧化反应，伴随发光、发热现象，故化学性爆炸能直接引起火灾。

化学性爆炸的产生必须同时具备 3 个基本条件，即可燃物质、可燃物质与空气（氧气）混合、引起爆炸的引燃能量。这 3 个条件共同作用才能产生化学性爆炸。

(3) 核爆炸。物质的原子核在发生"裂变"或"聚变"的连锁反应瞬间放出大量能量而引起的爆炸，如原子弹、氢弹的爆炸。爆炸时产生极高的温度和强烈的冲击波，同时伴随有核辐射，具有极大的破坏性。

1.5.2 电气火灾和爆炸的原因

引发电气火灾和爆炸要具备两个条件，即有易燃易爆的环境和引燃条件。

1.5.2.1 易燃易爆环境

在发电厂、变电所、用电场所广泛存在易燃易爆物质，许多地方潜伏着火灾和爆炸的可能性。

(1) 煤场。燃煤电厂要消耗大量的原煤。煤场上堆积的原煤在环境温度高时，特别是夏天，会发生原煤自燃，引起火灾。

(2) 输煤及制粉系统。输煤及制粉系统会产生大量的煤粉，与空气中的氧混合物易引起火灾和爆炸。

(3) 电厂锅炉。炉膛内有未燃尽的煤粉和可燃气体，炉膛检修动火时容易引起膛内爆炸。

(4) 天然气罐和输气管道。有些电厂用天然气作为能源，当天然气罐或管道泄漏时容易引起火灾和爆炸。

(5) 油库及用油设备。发电厂要消耗大量的原油、工业用油，如燃料油、汽轮机润滑油、变压器油、油断路器油。油库及用油设备均容易发生火灾和爆炸。

(6) 制氢站及氢气系统。发电机运行需用氢气冷却，制氢站不断地向发电机提供冷却用的氢气，若发生氢气泄漏，氢气与氧气的混合气体达到爆炸极限时，遇明火而会发生氢气爆炸。制氢站、输气管道、发电机氢气系统都是容易发生爆炸的危险环境。

(7) 供配电系统中大量使用电缆。电缆本身是由易燃的绝缘材料制成的，故电缆沟、电缆夹层和电缆隧道容易发生电缆火灾。

(8) 电气装置在运行过程中，广泛存在易燃物质，如变压器、断路器、电容器等设备的绝缘油、绝缘纸、绝缘木材等为火灾的发生提供了大量的可燃物质和环境。

(9) 变电所使用的烘房、烘箱、电热设备、乙炔发生站、氧气瓶库、化学药品库都容易发生火灾或爆炸。

1.5.2.2 引燃条件

电气系统和电气设备正常运行和出现事故的情况下都可能产生电气着火源，来作为火灾和爆炸的引燃条件。电气着火源可能是下述原因产生的。

(1) 电气设备或电气线路过热。由于导体接触不良，电力线路或设备过载、短路，电气产品制造和检修质量不良造成运行时铁芯损耗过大，转动机械长期相互摩擦，设备通风散热条件恶化等原因都会使电气线路或设备整体或局部温度过高。若其周围存在易燃易爆物质则会引火灾和爆炸。

(2) 电弧和电火花。电气设备正常运行时，如开关的分合、熔断器熔断、继电器触点动作均产生电弧；运行中的发电机的电刷与滑环、交流电机电刷与转子间也会产生或大或小的电火花；绝缘损坏时发生短路故障、绝缘闪络、电晕放电时产生电弧或电火花。另外，电焊产生的电弧、使用喷灯产生的火苗等都为火灾和爆炸提供了引燃条件。

(3) 静电。两个不同性质的物体相互摩擦，可使两个物体带上异号电荷；处在静电场内的金属物体上会感应静电；施加电压后的绝缘体上会残留静电。带上静电的导体或绝缘体等当其具有较高的电位时，会使周围的空气游离而产生火花放电。静电放电产生的电火花可能引燃易燃易爆物质，发生火灾或爆炸。

(4) 照明器具或电热设备使用不当也能作为火灾或爆炸的引燃条件，雷击易燃易爆物品时，往往也引起火灾和爆炸。

1.6 电气装置的防火防爆

1.6.1 电气防火防爆的一般措施

根据电气火灾和爆炸产生的条件和原因分析，电气防火防爆一般措施是加强工作人员安全教育，严格执行安全操作规程；改善环境条件，排除生产场所空气中的各种易燃易爆物质；强化安全管理，消除电气设备产生火灾或爆炸的着火源。

1.6.1.1 改善环境条件，排除易燃易爆物质

(1) 防止易燃易爆物质的泄漏。发电厂、变电所易燃物质的跑、冒、滴、漏是火灾和爆炸发生的根源，因此，对存有易燃易爆物质的容器、设备、管道、阀门加强密封，杜绝易燃易爆物质的泄漏，从而消除火灾和爆炸事故的隐患。

(2) 保持环境卫生和良好通风。在有易燃易爆物质的场所，经常打扫环境卫生，保持良好通风，不仅是美化、净化环境的需要，而且是防火防爆安全的重要措施之一。经常对泄漏的易燃易爆物质进行清扫，保持良好的通风，把易燃易爆气体、液体、蒸气、粉尘和纤维的浓度降低到爆炸极限以下，能达到有火不燃、有火不爆的效果。

(3) 加强对易燃易爆物质的管理。发电厂、变电所中的易燃易爆物质必须严格管理，特别是对重要的煤场、油库、化学药品库、气瓶库、乙炔站、木材库等应严格管理，严禁带进火种，实行严格的出入制度。

1.6.1.2 强化安全管理、排除电气火源

排除电气火源就是消除或避免电气线路、电气设备在运行中产生电火花、电弧和

高温。

（1）在易燃易爆区域内，应选用绝缘合格的导线，连接必须良好可靠、严禁明敷。导线和电源的额定电压不得低于电网的额定电压，且不得低于500V，导线截面应满足要求，防止因电流过大而使导线过热；移动电气设备应采用中间无接头的橡皮软线供电。

（2）合理选用电气设备。根据危险场所的级别合理选用电气设备类型。特别是在易燃易爆的危险场所，应选用防爆型电气设备，如采用防爆开关、防爆电机、防爆电缆头等，这对防止火灾和爆炸具有重大意义。在易燃易爆危险场所，应尽量不用或少用携带型电气设备。

（3）加强对设备的运行管理。保持设备正常运行，防止设备过载过热；对设备定期检修、试验，防止机械损伤、绝缘损坏等造成短路。

（4）易燃易爆场所内的电气设备，其金属外壳应可靠地接地或接零，以便发生碰壳接地短路时迅速切断电源，避免产生着火源。

（5）保持电气设备与危险场所的安全距离。室内外配电装置与爆炸危险场所的建筑物、易燃易爆液体、气体的储存场所之间应保持必要的距离，必要时应加装防火隔墙。

（6）合理应用保护装置。除将电气设备可靠接地（接零）外，还应有比较完善的保护、监测和报警装置，以便从技术上完善防火防爆措施。凡突然停电有可能引起火灾和爆炸的场所，必须有双电源供电，且双电源之间应装有自动切换联锁装置，当一路电源中断时，另一路电源自动投入，保持供电不中断。

1.6.1.3　土建的要求

电气建筑应采用耐火材料，如配电室、变压器室应满足耐火等级的要求；隔墙应采用防火材料。充油设备之间应保持防火距离，当间距不能满足要求时，其间应装设能耐火的防火隔墙；为了防止充油设备发生火灾时火势的蔓延，应为充电设备设置储油和排油设施。在容易引起火灾的环境应在显眼处装配灭火器和消防工具。

1.6.1.4　防止和消除静电火花

一方面，选择适当的设备或材料，限制流体速度和物体间的摩擦强度以减少静电的产生和积累；另一方面，采用静电接地、抗静电添加剂、静电中和器等方法消除物体上产生的静电，避免静电火花的产生。

1.6.2　电气装置的防火防爆

1.6.2.1　变压器的防火防爆

变压器是变配电所最重要的电气设备，一旦发生火灾或爆炸，不仅会造成变压器损坏，还会造成变电所停电及系统大面积停电，带来巨大的经济损失。

（1）变压器火灾的危险性。电力变压器一般为油浸变压器，变压器油箱内充满变压器油，变压器油是一种闪点在140℃以上的可燃液体。变压器的绕组一般采用A级绝缘，用棉纱、棉布、天然丝、纸及其他类似的有机物做绕组的绝缘材料；变压器的铁芯用木块、纸板作为支架和衬垫，这些材料都是可燃物质。因此，变压器发生火灾、爆炸的危险性很大。当变压器内部发生短路放电时，高温电弧可能使变压器油迅速分解汽化，在变压器油箱中形成很高的压力，当压力超过油箱的机械强度时即产生爆炸；或分解出来的油气混合

1.6 电气装置的防火防爆

物与变压器油一起从变压器的防爆管大量喷出，可能造成火灾。

(2) 油浸变压器发生火灾和爆炸的主要原因。

1) 绕组绝缘老化或损坏产生短路。变压器绕组的绝缘物如棉纱、棉布、纸等，如果受到过负载发热或受变压器油酸化腐蚀的作用，其绝缘性能将会发生老化变质，耐受电压能力下降，甚至失去绝缘作用；变压器制造、安装、检修过程中也可能潜伏绝缘缺陷。由于变压器绕组的绝缘老化或损坏，能引起绕组匝间、层间短路，短路产生的电弧使绝缘物燃烧。同时，电弧分解变压器油产生的可燃气体与空气混合达到一定浓度，便形成爆炸混合物，遇火花便发生燃烧或爆炸。

2) 线圈接触不良产生高温或电火花。在变压器绕组的线圈与线圈之间，线圈端部与分接头之间，如果连接不好，可能松动或断开而产生电火花或电弧；当分接头转换开关位置不正、接触不良时，都可能使接触电阻过大，发生局部过热而产生高温，使变压器油分解产生油气混合物引起燃烧和爆炸。

3) 套管损坏爆裂起火。变压器引线套管漏水、渗油或长期积满油垢而发生闪络；电容套管制造不良、运行维护不当或运行年久，都会使套管内的绝缘损坏、老化，产生绝缘击穿，电弧高温使套管爆炸起火。

4) 变压器油老化变质引起绝缘击穿。变压器常年处在高温状态下运行，如果油中渗入水分、氧气、铁锈、灰尘和纤维等杂质时，会使变压器油逐渐老化变质，绝缘性能降低，引起油间隙放电，造成变压器爆炸起火。

5) 其他原因引起火灾和爆炸。变压器铁芯硅钢片之间的绝缘损坏，形成涡流，使铁芯过热；雷击或系统过电压使绕组主绝缘损坏；变压器周围堆积易燃物品出现外界火源；动物接近带电部分引起短路。以上诸因素均能引起变压器起火或爆炸。

(3) 预防变压器火灾和爆炸的措施。变压器防火（防爆）的技术措施如下：

1) 预防变压器绝缘击穿。预防绝缘击穿的措施有：①安装前的绝缘检查，变压器安装之前，必须检查绝缘，核对使用条件是否符合制造厂的规定；②加强变压器的密封，不论变压器是运输、存放还是运行，其密封均应良好，为此，要结合检修，检查各部分的密封情况，必要时做检漏试验，防止潮气及水分进入；③彻底清理变压器内的杂物，变压器安装、检修时，要防止焊渣、铜丝、铁屑等杂物进入变压器内，并彻底清除变压器内的焊渣、钢丝、铁屑、油泥等杂物，用合格的变压器油彻底冲洗；④防止绝缘损坏，变压器检修吊罩、吊芯时，应防止绝缘受损伤，特别是内部绝缘距离较为紧凑的变压器，勿使引线、绕组和支架损坏；⑤限制过电压值，防止因过电压引起绝缘击穿。

2) 预防铁芯多点接地及短路。为预防铁芯多点接地及短路，检查变压器时应测试下列项目：①测试铁芯绝缘，通过测试，确定铁芯是否有多点接地，如有多点接地，应查明原因，消除后才能投入运行；②测试穿心螺钉绝缘，穿心螺钉绝缘应良好，各部位螺钉应紧固，防止螺钉掉下造成铁芯短路。

3) 预防套管闪络爆炸。套管应保持清洁，防止积垢闪络；检查套管引出线端子发热情况，防止因接触不良或引线开焊过热引起套管爆炸。

4) 预防引线及分接开关事故。引线绝缘应完整无损，各引线焊接良好，对套管及分接开关的引线接头，若发现有缺陷应及时处理；要去掉裸露引线上的毛刺和尖角，防止运行中发生放电；安装、检修分接开关时，应认真检查，分接开关应清洁，触头弹簧应良好，接触紧密，分接开关引线螺钉应紧固无断裂。

5) 加强油务管理和监督。对油应定期作预防性试验和色谱分析，防止变压器油劣化变质；变压器油尽可能避免与空气接触。

除了从技术角度防止变压器发生火灾和爆炸外，还应从组织的角度做好变压器常规的防火防爆工作，其措施如下：

1) 加强变压器的运行监视。运行中应特别注意引线、套管、油位、油色的检查和油温、声音的监视，发现异常，要认真分析、正确处理。

2) 保证变压器的保护装置可靠运行。变压器运行时，全套保护装置应能可靠投入，所配保护装置应准确动作。保护用的直流电源应完好可靠，确保故障时保护正确动作跳闸，防止事故扩大。

3) 保持变压器的良好通风。变压器的冷却通风装置应能可靠地投入和保持正常运行，以便保持运行温度不超过规定值。

4) 设置事故蓄油坑。室内、室外变压器均应设置事故蓄油坑，蓄油坑应保持良好的状态，蓄油坑有足够的厚度和符合要求的卵石层。蓄油坑的排油管道应通畅，应能迅速将油排出（如排入事故总蓄油池）；不得将油排入电缆沟。

5) 建防火隔墙或防火防爆建筑。室外变压器周围应设围墙或栅栏，若相邻间距太小，应建防火隔墙，以防火灾蔓延；室内变压器应安装在有耐火、防爆的建筑场内，并设有防爆铁门，室内一室一台变压器，且室内应通风散热良好。

6) 设置消防设备。大型变压器周围应设置适当的消防设备，如水雾灭火装置和"1211"灭火器，室内可采用自动或遥控水雾灭火装置。

1.6.2.2 电动机防火

(1) 电动机起火的原因。电动机运行中起火有下述几种原因：

1) 电动机短路故障。电动机定子绕组发生相间、匝间短路或对地绝缘击穿，引起绝缘燃烧起火。

2) 电动机过负载。电动机长期过负载运行、被拖动机械负载过大及机械卡住使电动机停转，过电流引起定子绕组过热而起火。

3) 电源电压太低或太高。电动机启动时，若电源电压太低，则启动转矩小，使电动机启动时间长或不能启动，引起电动机定子电流增大，绕组过热而起火；运行中的电动机，若电源电压太低，电动机转矩变小而机械负载不变，引起过电流，使绕组过热而起火；若电源电压大幅下降，会使运行中的电动机停转而烧毁；若电源电压过高，磁路高度饱和，励磁电流急剧上升，使铁芯严重发热引起电动机起火。电动机运行中一相断线或一相熔断器熔断，造成缺相运行（即两相运行），引起定子绕组过载发热起火。

4) 电动机启动时间过长或短时间内连续多次启动，将使定子绕组温度急剧上升，引起绕组过热起火。

5) 电动机轴承润滑不足或润滑油脏污、轴承损坏卡住转子，导致定子电流增大，使定子绕组过热起火。

6) 电动机吸入纤维、粉尘而堵塞风道，热量不能排放，或转子与静子摩擦，引起绕组温度升高起火。

7) 接线端子接触电阻过大，电流通过产生高温或接头松动产生电火花起火。

(2) 电动机的防火措施。

1) 根据电动机的工作环境，对电动机进行防潮、防腐、防尘、防爆，安装时要符合防火要求。

2) 电动机周围不得堆放杂物，电动机及其启动装置与可燃物之间应保持适当距离，以免引起火灾。

3) 检修后及停电超过 7d 以上的电动机，启动前应测量其绝缘电阻并合格，以防投入运行后，因绝缘受潮发生相间短路或对地击穿而烧坏电动机。

4) 电动机启动应严格执行规定的启动次数和启动间隔时间，尽量少启动，避免频繁启动，以免频繁启动使定子绕组热积累过热起火。

5) 加强运行监视。电动机运行时，应监视电动机的电流、电压不超过允许范围；电动机的温度、声音、振动、轴转动等正常，无焦臭味；电动机冷却系统应正常。

6) 发现缺相运行，应立即切断电源，防止电动机缺相运行，过载发热起火。

1.6.2.3　油断路器防火防爆

(1) 油断路器发生火灾、爆炸的主要原因。油断路器发生火灾、爆炸的主要原因如下：

1) 油断路器的遮断容量不够。发生短路时，电弧不能及时熄灭，就会引起燃烧、爆炸。

2) 油断路器的油面过低或过高。若油断路器的油面过低，切断电弧时所产生的气体来不及冷却就冲出油面，在高温下与上层空气混合就会引起燃烧、爆炸。若油断路器的油面过高，油面上的空隙太小，当发生电弧时，油受热分解产生大量气体，但冲不出油面，会使油面上的气体压力急剧增大，而使油箱发生爆炸。

3) 油断路器的套管污垢或受潮，而使油断路器的相间空气被击穿，或相与地之间被击穿，发生闪络而引起油断路器燃烧、爆炸。

(2) 防止油断路器发生火灾和爆炸的措施。为了防止油断路器发生火灾和爆炸，应采取以下措施：

1) 选用遮断容量与供电系统短路容量相适应的油断路器。

2) 油断路器的设计安装要符合国家标准。

3) 加强油断路器运行管理和检修工作。定期检查油断路器，监视油位指示器的油面在上下两条红刻线之间，不应过高或过低；定期做油断路器预防性试验，发现油老化、污秽或绝缘强度不够时，应及时更换；油断路器要定期进行检修，特别是多次短路故障后，则要提前检修。

4) 结合电网设备改造，将油断路器逐步更换为真空断路器或 SF_6 断路器，消除火灾和爆炸隐患。

1.6.2.4　油浸纸介质电容器的防火防爆

(1) 油浸纸介质电容器发生火灾和爆炸的原因。

油浸纸介质电容器的火灾危险一般都是由电容器爆炸引起的。油浸纸介质电容器最常见的故障是元件极间或对外壳绝缘的击穿,其大都是由于电容器真空度不高、不清洁、对地绝缘不良、运行环境温度过高等造成的。故障发展过程一般为先出现热击穿,逐步发展到电击穿。若电容器中具有单独熔丝保护时,则当某一元件极板间击穿时,其保护熔丝熔断将其切除,电容器仅减少一个元件的电容量,不会影响整个装置继续运行。若单个电容器元件不具有单独的熔丝保护时,尤其是对于多台并联运行的电容器,当发生电容器极板间击穿时,其他与之并联的各台电容器将一齐向故障电容器放电。通常这种放电能量与并联电容器的容量有关,其数值相当可观。在电弧和高温作用下,将产生大量的气体,使其压力急剧上升,最后电容器外壳崩破,爆炸起火,使事故扩大造成巨大损失。电容器爆炸事故一旦发生,一个电容器爆炸可能引起其余电容器的群爆,流油燃烧起火,进而使电容器室着火,影响其他电气设备的正常运行。

(2) 防止电容器爆炸、发生火灾的措施:

1) 完善电容器内部故障的保护,选用有熔丝保护的高低压电容器。对无熔丝保护的高压电容器应根据具体情况,采取下述4种内部故障的保护方式:①分组熔丝保护;②双Y形接线的零序平衡保护;③双△形接线的横差保护;④单相式接线的零序电流保护。

2) 加强电容补偿装置的运行管理与维护。特别应强调定期清扫、巡视和检查;加强运行监视,监视电压、电流和环境温度不得超过制造厂的规定范围,发现电容器变形等故障应及时处理。

3) 电容器室应符合防火要求。严禁使用木板、油毛毡等易燃材料。当采用油质电容器时,电容器室建筑物的耐火等级要求是:额定电压为10kV以上时不低于二级;额定电压为10kV及以下的不低于三级。

4) 应备有防火设施。电容器室附近应备有沙箱、消防用铁铲及灭火器等消防设施。

5) 结合电网设备改造逐步淘汰油浸纸介质电容器,而采用塑胶薄膜干式电容器,以防止产生电容器火灾。

1.6.2.5 电力电缆的防火防爆

(1) 电力电缆爆炸起火的原因。油纸绝缘电力电缆的绝缘层是由纸、油、麻、橡胶、塑料、沥青等各种可燃物质组成的。因此,电缆具有起火爆炸的可能性,导致电缆起火爆炸的原因如下:

1) 绝缘损坏引起短路故障。电力电缆的保护铅皮在敷设时被损坏或在运行中电缆绝缘受机械损伤,引起电缆相间或与铅皮间的绝缘击穿,产生的电弧使绝缘材料及电缆外保护层材料燃烧起火。

2) 电缆长时间过载运行。长时间的过载运行使电缆绝缘材料的运行温度超过正常发热的最高允许温度,使电缆的绝缘老化、干枯,这种绝缘老化干枯的现象,通常发生在整个电缆线路上。由于电缆绝缘老化、干枯,使绝缘材料失去或降低绝缘性能和机械性能,因而容易发生击穿着火燃烧,甚至沿电缆整个长度多处同时发生燃烧起火。

3) 油浸电缆因高度差发生淌、漏油。当油浸电缆敷设高度差较大时,可能发生电缆淌油现象。淌流的结果使电缆上部由于油的流失而干枯,使纸绝缘在热量作用下焦化而提前击穿;另外,由于上部的油向下淌,在上部电缆头处腾出空间并产生负压力,使电缆易于吸收潮气而使端部受潮;电缆下部由于油的积聚而产生很大的静压力,促使电缆头漏油。电缆受潮及漏油都增大了发生故障起火的概率。

4) 中间接头盒绝缘击穿。电缆接头盒的中间接头因压接不紧、焊接不牢或接头材料选择不当,运行中接头会氧化、发热、流胶;在做电缆中间接头时,灌注在中间接头盒内的绝缘剂质量不符合要求,灌注绝缘剂时盒内存有气孔及电缆盒密封不良、损坏而漏入潮气。

以上因素均能引起绝缘击穿,形成短路,使电缆爆炸起火。

5) 电缆头燃烧。由于电缆头表面受潮积污,电缆头瓷套管破裂及引出线相间距离过小,导致闪络着火,引起电缆头表层绝缘和引出线绝缘燃烧。

6) 外界火源和热源导致电缆火灾。如油系统的火灾蔓延,油断路器爆炸火灾的蔓延,炉制粉系统或输煤系统煤粉自燃、高温蒸汽管道的烘烤,酸碱的化学腐蚀,电焊火花及其他火种,都可使电缆产生火灾。

(2) 电缆防火防爆措施。为了防止电缆火灾事故的发生,应采取以下预防措施:

1) 选用满足热稳定要求的电缆。选用的电缆在正常情况下,能满足长期额定负载的发热要求,在短路情况下,能满足短时热稳定,避免电缆过热起火。

2) 防止运行过负载。电缆带负载运行时,一般不超过额定负载运行,若过负载运行,应严格控制电缆的过负载运行时间,以免过负载发热使电缆起火。

3) 遵守电缆敷设的有关规定。电缆敷设时应尽量远离热源,避免与蒸汽管道平行或交叉布置,若平行或交叉,应保持规定的距离,并采取隔热措施,禁止电缆全线平行敷设在热管道的上边或下边;在有热管道的隧道或沟内,一般应避免敷设电缆,如需敷设,应采取隔热措施;架空敷设的电缆,尤其是塑料、橡胶电缆,应有防止热管道等热影响的隔热措施。电缆敷设时,电缆之间、电缆与热力管道及其他管道之间,电缆与道路、铁路、建筑物等之间平行或交叉的距离应满足规程的规定。此外,电缆敷设应留有波余度,以防冬季电缆停止运行收缩产生过大拉力而损坏电缆绝缘,电缆转弯应保证最小的曲率半径,以防过度弯曲而损坏电缆绝缘。电缆隧道中应避免有接头,由于电缆接头是电缆中绝缘最薄弱的地方,接头处容易发生电缆短路故障,当必须在隧道中安装中间接头时,应用耐火隔板将其与其他电缆隔开。以上电缆敷设有关规定对防止电缆过热、绝缘损伤起火均起到有效作用。

4) 定期巡视检查。对电力电缆应定期巡视检查,定期测量电缆沟中的空气温度和电缆温度,特别是应做好大容量电力电缆和电缆接头盒温度的记录。通过检查及时发现并处理缺陷。

5) 严密封闭电缆孔、洞和设置防火门及隔墙。为了防止电缆火灾,必须将所有穿越墙壁、楼板、竖井、电缆沟而进入控制室、电缆夹层、控制柜、仪表柜、开关柜等处的电缆孔洞进行严密封闭。对较长的电缆隧道及其分叉道口应设置防火隔墙及防火门。在正常情况下,电缆沟或洞上的门应关闭,这样电缆一旦起火,可以隔离或限制燃烧范围,防止火势蔓延。

6) 剥去非直埋电缆外表黄麻外保护层。直埋电缆外表有一层浸沥青之类的黄麻保护层,对直埋地中的电缆有保护作用,当直埋电缆进入电缆沟、隧道、竖井中时,其外表浸沥青之类的黄麻保护层应剥去,以减小火灾扩大的危险。同时,电缆沟上面的盖板应盖好，且盖板应完整、坚固，电焊火渣不易掉入，减少发生电缆火灾的可能性。

7) 保持电缆隧道的清洁和适当通风。电缆隧道或沟道内应保持清洁，不许堆放垃圾和杂物，隧道及沟内的积水和积油应及时清除；在正常运行的情况下，电缆隧道和沟道应有适当的通风。

8) 保持电缆隧道或沟道有良好的照明。电缆层、电缆隧道或沟道内的照明应经常保持良好状态，并对需要上下的隧道和沟道口备有专用的梯子，以便运行检查和电缆火灾的扑救。

9) 防止火种进入电缆沟内。在电缆附近进行明火作业时，应采取一些措施，防止火种进入沟内。

10) 定期进行检修和试验。按规程规定及电缆运行的实际情况，对电缆应定期进行检修和试验，以便及时处理缺陷和发现潜伏故障，保证电缆安全运行和避免电缆火灾的发生。当进入电缆隧道或沟道内进行检修、试验工作时，应遵守《电气安全工作规程》的有关规定。

1.6.2.6 低压电气的防火防爆

(1) 低压配电屏的防火措施：

1) 低压配电屏（盘、柜、板）应采用耐火材料制成。木结构配电屏的盘面应铺设铁皮或涂防火漆等，户外配电屏应有防雨雪的措施。

2) 配电屏最好装在单独的房间内，并固定在干燥清洁的地方。

3) 配电屏上的设备应根据电压、负载、用电场所和防火要求等选定。其电气设备应安装牢固；总开关和分路开关的容量应满足总负载和各分路负载的需要。

4) 配电屏中的配线应采用绝缘线，破损导线要及时更换。敷线应连接可靠、排列整齐，尽量做到横平竖直、绑扎成束，且用线卡固定在板面上；尽量避免导线相互交叉，必须交叉时应加绝缘套管。

5) 要建立相应维修制度。定期测量配电屏线路的绝缘电阻；不合格时应予以更换，或采取其他有关措施解决。

6) 配电屏金属支架及电气设备的金属外壳，必须实行可靠的接地或接零保护。

(2) 低压开关的防火措施：

1) 选用开关应与环境的防火要求相适应，在有爆炸危险的场所要采用防爆型开关；有化学腐蚀及火灾危险的场所应用专门型的开关；否则应装在室外或其他合适的地方。

2) 闸刀开关应安装在耐热、不易燃烧的材料上。三相闸刀应远离易燃物，要防止其发热或拉合闸刀时产生火花引起燃烧。

3) 导线与开关接头处的连接要牢固，接触要良好，防止形成过大接触电阻而引起发热或火灾。

4) 容量较小的负载，可采用胶盖瓷底闸刀开关；潮湿、多尘等危险场所应用铁壳开关；容量较大的负载要采用自动空气开关。

5) 开关的额定电压应与实际电源电压等级相符；其额定电流要与负载需要相适应；断流容量要满足系统短路容量的要求。

6) 自动开关运行中要常检查、勤清扫，防止开关触头发热、外壳积尘而引起闪络和爆炸；不论何种类型的低压开关，若有损坏均应及时更换；尤其对安装在环境条件不好场所的开关，更应加强维护，注意除尘和防潮。

7) 在中性点接地的低压配电系统中，单极开关一定要接在火线上，否则开关虽断，电气设备仍然带电，一旦火线接地，便有发生接地短路而引起火灾的危险。

8) 防爆开关在使用前必须将黄油擦除（出厂时为防止锈蚀而涂），然后再涂上机油。因黄油内所含水分等在电弧高温作用下会分解，极易引起爆炸。

（3）防止照明灯具引起火灾的措施。造成照明灯具火灾的主要原因是选型错误、使用不当、电灯线短路及接头冒火、周围环境有易燃或可燃物等，防止照明灯具起火的具体措施如下：

1) 正确选用符合要求的灯具类型。在有火灾及爆炸危险场所，应选择专用照明灯具；开启式照明灯具只能用于干燥、无腐蚀性和无爆炸危险性气体的场所；在潮湿和有蒸汽环境应使用防潮型灯具；室外照明应安装防水型灯具。

2) 照明线路的导线及其敷设，应符合规定与实际照明负载的需要；要防止混线短路，接头要少并连接可靠，且要用黑胶布包好。防止松动或过热产生火花，引起火灾。

3) 照明灯泡与可燃物之间应保持一定距离，在灯泡正下方不可存放可燃物，以防灯泡破碎时掉落火花引起燃烧。白炽灯泡的表面温度很高，烤着可燃物很快，极易引发火灾。

4) 高压水银荧光灯的表面温度与白炽灯相近；卤钨灯的石英管表面温度极高，1000W 的卤钨灯可达 500～800℃，故存放可燃、易燃物的库房不宜使用。

5) 要注意灯泡的散热通风。尤其是嵌入式照明灯具，切不可让散热孔堵塞，以免烤着周围可燃物引起火灾；对嵌入天花板内的灯具，其外壳周围应留有 10cm 以上的空间距离。

6) 使用 36V 的安全灯具时，其电源导线必须有足够大的截面，否则会导致电线过热起火。这一点常易被疏忽，因同样功率的灯泡，电压越低时通过的电流就会越大。

7) 荧光灯和高压水银灯的镇流器不应安装在可燃性的建筑构件上，以免镇流器过热烤着可燃物；灯具应牢固地悬挂在规定的高度上，以防掉落或被碰落引着可燃物。

8) 更换防爆型灯具的灯泡时，不应换上比标明瓦数大的灯泡，更不可随意或临时用普通白炽灯泡代替。

9) 发现灯具及其配件有缺陷时应及时修理，切勿将就使用；各种灯具，尤其是大功率灯具，当不需要使用时，都应该随手关掉。

（4）防止电热器具引起火灾的措施。人们生活中常用的电热器具主要有电炉、烘箱、电熨斗、电烙铁、电饭锅及电热水器等。电热器具的电阻丝通常由镍铬合金制成，温度可达 800℃ 以上。由于电热器具的功率一般都较大，若使用不当，很容易引起火灾。其原因多为使用者粗心大意、器具内部有故障、通电后无人看管、电热器具附近有易燃或可燃物等。电热器具的防火措施主要如下：

1) 在有电热器具或设备的车间、班组等场所，应装设总电源开关与熔断器；大功率电热器具要使用单独的开关和熔断器，避免用电气插销，因其插拔时容易引起闪弧或短路。

2) 电热器具导线的安全载流量一定要能满足电热器具的容量要求,且不可使用胶质线作为电源线。

3) 电热器具应放置在泥砖、石棉板等不可燃材料基座上;切不可直接放在桌子或台板上,以免烤燃起火,同时应远离易燃或可燃物。在有可燃气体、易燃液体蒸气和可燃粉尘等场所,均不应装设或使用电热器具。

4) 使用电热器具时必须有人看管,不可中途离开,必须离开时应先切断电源;对必须连续使用的电热器具,下班时也应指定专人看护及负责切断电源。

5) 日常应加强对电热器具的维护管理。使用前须检查是否完好,若发现其导线绝缘损坏、老化或开关、插销及熔断器不完整时,不准勉强使用,必须更换合格器件。

1.7 扑灭电气火灾

虽然采取了相应的措施,但电气火灾在所难免。火灾发生后,及时、正确地扑救可以有效地防止事态的扩大,减少事故损失。

1.7.1 一般灭火方法

从对燃烧的三要素的分析可知,只要阻止三要素并存或相互作用,就能阻止燃烧的发生。由此,灭火的方法可分为窒息灭火法、冷却灭火法、隔离灭火法和抑制灭火法等。

(1) 窒息灭火法。阻止空气流入燃烧区或用不燃气体降低空气中的氧含量,使燃烧因助燃物含量过小而终止的方法称为窒息法。例如,用石棉布、浸湿的棉被等不燃或难燃物品覆盖燃烧物;或封闭孔洞;用惰性气体(CO_2、N_2等)充入燃烧区降低氧含量等。

(2) 冷却灭火法。冷却灭火法是将灭火剂喷洒在燃烧物上,降低可燃物的温度,使其温度低于燃点,而终止燃烧,如喷水灭火、"干冰"(固态二氧化碳)灭火都是采用冷却可燃物达到灭火的目的。

(3) 隔离灭火法。隔离灭火法是将燃烧物与附近的可燃物质隔离,或将火场附近的可燃物疏散,不使燃烧区蔓延,待已燃物质烧尽时,燃烧自行停止。如阻挡着火的可燃液体的流散、拆除与火区毗连的易燃建筑物构成防火隔离带等。

(4) 抑制灭火法。前述3种方法的灭火剂,在灭火过程中不参与燃烧化学反应,均属物理灭火法。抑制灭火法是灭火剂参与燃烧的联锁反应,使燃烧中的游离基消失,形成稳定的物质分子,从而终止燃烧过程。例如,"1211"(二氟一氯一溴甲烷)灭火剂就能参与燃烧过程,使燃烧联锁反应中断而熄灭。

1.7.2 常用灭火器

根据灭火的基本原理和方法,可以制成不同类型、不同特点的灭火器。常用灭火器如下。

1.7.2.1 二氧化碳灭火器

将二氧化碳(CO_2)灌入钢瓶内,在20℃时钢瓶内的压力为6MPa。使用时,液态二氧化碳从灭火器喷嘴喷出,迅速气化,由于强烈吸热作用,变成固体雪花状的二氧化碳,又称为干冰，其温度为－78℃。固体二氧化碳又在燃烧物上迅速挥发，吸收燃烧物的热量，同时，使燃烧物与空气隔绝而达到灭火的目的。

二氧化碳灭火器主要适用于扑救贵重设备、档案资料、电气设备、少量油类和其他一般物质的初起火灾。不导电，但电压超过600V时，应切断电源，其规格有2kg、3kg、5kg等多种。

使用时，因二氧化碳气体易使人窒息，人应该站在上风侧，手应握住灭火器手柄，防止干冰接触人体造成冻伤。

1.7.2.2 干粉灭火器

干粉灭火器的灭火剂主要由钾或钠的碳酸盐类加入滑石粉、硅藻土等掺和而成，不导电。干粉灭火剂在火区覆盖燃烧物并受热产生二氧化碳和水蒸气，因其具有隔热吸热和阻隔空气的作用，故使燃烧熄灭。

干粉灭火器适用于扑灭可燃气体、液体、油类、忌水物质（如电石等）及除旋转电机以外的其他电气设备的初起火灾。

使用干粉灭火器先打开保险，把喷管口对准火源，另一手紧握导杆提环，将顶针压下，干粉即喷出。扑救地面油火时，要平射左右摆出，由近及远，快速推进，同时应注意防止回火重燃。

1.7.2.3 泡沫灭火器

泡沫灭火器的灭火剂是利用硫酸或硫酸铝与碳酸氢钠作用放出二氧化碳的原理制成，其中加入甘草根汁等化学药品造成泡沫，浮在固体和密度大的液体燃烧物表面，隔热、隔氧，使燃烧停止。由于上述化学物质导电，故不适用于带电扑灭电气火灾，但切断电源后，可用于扑灭油类和一般固体物质的初起火灾。

灭火时，需将灭火器筒身颠倒过来，稍加摇动，两种药液即刻混合，喷射出泡沫，由喷嘴喷出。泡沫灭火器只能立着放置。

1.7.2.4 "1211"灭火器

"1211"灭火器的灭火剂"1211"是一种具有高效、低毒、腐蚀性小、灭火后不留痕迹、不导电、使用安全、储存期长的新型优良灭火剂，是卤代烷灭火剂的一种。其灭火作用在于阻止燃烧联锁反应并有一定的冷却窒息效果，特别适用于扑灭油类、电气设备、精确仪表及一般有机溶剂的火灾。

灭火时，拔掉保险销，将喷嘴对准火源根部，手紧握压把，压杆即将封闭阀开启，"1211"灭火剂在氮气压力下喷出，当松开压把时，封闭喷嘴，停止喷射。

该灭火器不能放置在日照、火烤、潮湿的地方，防止剧烈震动和碰撞。

1.7.2.5 其他

水是一种最常用的灭火剂，具有很好的冷却效果。纯净的水不导电，但一般水中含有各种盐类物质，故具有良好的导电性。未采用防止人身触电的技术措施时，水不能用于带电灭火；但切断电源后，水却是一种廉价、有效的灭火剂。水不能对密度较小的油类物质灭火，以防油火漂浮水面使火灾蔓延。

干砂的作用是覆盖燃烧物，吸热、降温，并使燃烧物与空气隔离。特别适用于扑灭油类和其他易燃液体的火灾，但禁止用于旋转电机扑灭，以免损坏电机和轴承。

1.7.3 电气火灾的扑灭措施

从灭火角度看，电气火灾有两个显著特点：一是着火的电气设备可能带电，扑灭火灾时，若不注意可能发生触电事故；二是有些电气设备充有大量的油，如电力变压器、油断路器、电压互感器、电流互感器等，发生火灾时，可能发生喷油甚至爆炸，造成火势蔓延，扩大火灾范围。因此，扑灭电气火灾必须根据其特点，采取适当措施进行扑救。

1.7.3.1 切断电源

发生电气火灾时，首先设法切断着火部分的电源，切断电源时应注意下列事项：

（1）切断电源时应使用绝缘工具操作。因发生火灾后，开关设备可能受潮或被烟熏，其绝缘强度大大降低，因此，拉闸时应使用可靠的绝缘工具，防止操作中发生触电事故。

（2）切断电源的地点要选择得当，防止切断电源后影响灭火工作。

（3）要注意拉闸顺序，对于高压设备，应先切断断路器后拉开隔离开关；对于低压设备，应先断开磁力启动器，后拉开刀闸，以免引起弧光短路。

（4）当剪断低压电源导线时，剪断位置应选择在电源方向的支持绝缘子附近、断线线头附近，以免断线线头下落造成触电伤人、发生接地短路；剪断非同相导线时，应在不同部位剪断，以免造成人为短路。

（5）如果短路线路带有负载，应尽可能先切除负载，再切断现场电源。

1.7.3.2 断电灭火

在着火电气设备的电源切断后，扑灭电气火灾的注意事项如下：

（1）扑灭人员应尽可能站在上风侧进行灭火。

（2）扑灭时若发现有毒烟气（如电缆燃烧时），应戴防毒面具。

（3）若灭火过程中，灭火人员身上着火，应就地打滚或脱掉衣服，不得用灭火器直接向灭火人员身上喷射，可用湿麻袋或湿棉被覆盖在灭火人员身上。

（4）灭火过程中，应防止全站停电，以免给灭火带来困难。

（5）灭火过程中，应防止上部空间可燃物着火落下，危害人身和设备安全，在屋顶上灭火时，要防止坠落至附近"火海"中。

（6）室内着火时，切勿急于打开门窗，以防空气对流而加重火势。

指点迷津——断电灭火宜与忌

（1）切断电源的位置要适当，以防止切断电源后影响扑救工作的进行。

（2）在离配电室或动力配电箱较近时，可断开油断路器、空气断路器或其他可带负荷拉闸的负荷开关，但不能带负荷拉隔离开关，以免电弧短路而发生危险。

（3）剪断电源线的位置选择在电源方向有支持物的附近，不同部位应分别剪断，以防止线路发生短路或导线剪断后跌落在地上造成接地短路，危及人身安全。

（4）在火灾现场，由于开关设备受潮或受烟熏，其绝缘性能会下降，因此在切断电源时，应使用绝缘操作棒或戴橡胶绝缘手套进行操作。

（5）当燃烧情况对邻近运行设备有严重威胁时，应迅速拉开相应的断路器和隔离开关。

1.7.3.3 带电灭火

在来不及断电,或由于生产或其他原因不允许断电的情况下,需要带电灭火。带电灭火的注意事项如下:

(1) 根据火情适当选用灭火剂。由于未停电,应选用不导电的灭火剂,如手提灭火器使用的二氧化碳、四氯化碳、二氟一氯一溴甲烷、二氟二溴甲烷或干粉等灭火剂都是不导电的,可直接用来带电喷射灭火。泡沫灭火器使用的灭火剂有一定的导电性,且对电气设备的绝缘有腐蚀作用,不宜用于带电灭火。

(2) 采用喷雾水花灭火。用喷雾水枪带电灭火时,通过水柱的泄漏电流较小,比较安全,若用直流水枪灭火,通过水柱的泄漏电流会威胁人身安全,为此,直流水枪的喷嘴应接地,灭火人员应戴绝缘手套,穿绝缘鞋或绝缘服。

(3) 灭火人员与带电体之间应保持必要的安全距离。用水灭火时,水枪喷嘴至带电体的距离为110kV及以下不小于3m,220kV及以上不小于5m。用不导电灭火剂灭火时,喷嘴至带电体的最小距离为10kV不小于0.4m,35kV不小于0.6m。

(4) 对高空设备灭火时,人体位置与带电体之间的仰角不得超过45°,以防导线断线危及灭火人员人身安全。

(5) 若有带电导线落地,应划出一定的警戒区,防止跨步电压触电。

1.7.3.4 充油设备灭火

绝缘油是可燃液体,受热气化还可能形成很大的压力,造成充油设备爆炸。因此,充油设备着火有更大的危险性。

充油设备外部着火时,可用不导电灭火剂带电灭火。如果充油设备内部故障起火,则必须立即切断电源,用冷却灭火法和窒息灭火法使火焰熄灭,即使在火焰熄灭后,还应持续喷洒冷却剂,直到设备温度降至绝缘油燃点以下,防止高温使油气重燃造成重大事故。如果油箱已经爆裂,燃油外泄,可用泡沫灭火器或黄沙扑灭地面和蓄油池内的燃油。注意采取措施防止燃油蔓延。

电机和电动机等旋转电机着火时,为防止轴和轴承变形,应使其慢慢转动,可用二氧化碳、二氟一氯一溴甲烷或蒸汽灭火,也可用喷雾水灭火。用冷却剂灭火时注意使电机均匀冷却,但不宜用干粉、砂土灭火,以免损伤电气设备绝缘和轴承。

案例分析:电气火灾损失大

1. 事故经过

2000年3月29日凌晨3时30分,某市山阳区一个体经营的"天堂录像厅"发生特大火灾。市消防支队接到报警后,迅速出动135名消防官兵、13辆消防车到现场组织灭火。3时55分,市公安局110接到报警,立即组织巡警支队、山阳公安分局200余名民警赶赴火场。4时35分明火被全部扑灭。8时35分将火场基本清理完毕。经现场勘查,火灾共烧毁建筑面积800m²,死74人,伤1人,经济损失正待复核。公安消防官兵从烈火中救出群众12人,保护了火场毗邻的建筑物及周围居民的生命财产安全。

经过公安部、省、市三级专家组对技术勘查、化验和幸存者提供情况的反复印证和20h的火因模拟试验,于4月2日晚得出会审结论,确认为15包房两名看录像者用石英电热器取暖烤燃邻近可燃物所致。

对这起特大火灾事故负有直接责任、涉嫌犯罪的"天堂录像厅"老板、职工等12人已被依法刑事拘留,当地有关部门的12名涉案人员也被依法传唤和刑事拘留,另有多人受到警方控制。

2. 事故原因分析

(1) 电线长期超过允许载流量运行,或长时间使用石英电热器等取暖设备,而原来使用的导线截面过小,电线绝缘老化烧焦,引燃靠近导线的易燃物。

(2) 导线接头接触不良打火,电线年久失修或私拉乱接、绝缘损坏引发短路,引起火灾。

(3) 线路没有装短路、过流保护装置,或使用熔丝过大,使线路失去保护作用,一旦过流或短路,不能及时切断电源而引发火灾。

(4) 电熨斗、电烙铁等电热器具使用后或停电后忘记切断电源,来电后无人照管而引发火灾。

(5) 石英电热器离易燃物太近或用易燃物覆盖引发火灾。

(6) 雷电引发的火灾。

3. 事故防范对策

(1) 按用电负荷正确选用导线截面,使负荷电流小于导线的允许载流量,增加大功率用电设备如电炉、空调等时,如原来使用导线截面过小,应更换导线或增敷供电线路。

(2) 使用合格的导线,按负荷电流正确选用熔丝。

(3) 电气设备的安装修理要找电工,接头要牢固包扎绝缘胶布,严格禁止私拉乱接。

(4) 电熨斗、电烙铁应放在支架上,用后或停电时要及时拔下插头。

(5) 使用石英电热器要远离易燃物,严禁用石英电热器烧烤衣物。

(6) 一旦发生电气火灾,要立即断开电源。电源未切断以前,严禁用水救火,以防发生触电事故。

(7) 提高全民的消防意识,普及消防器材使用、消防自救和逃生知识。发生火灾不要惊慌,除拨打119报警外,应立即组织人员扑救;公共场所要留有安全通道,一旦发生火灾,工作人员要引导在场人员迅速撤离火场。

(8) 依法规范公共场所消防行为。各级公安消防监督机关要依法监督,严格管理,对不符合消防法规要求的影剧院、歌舞厅等人员密集场所,要停业整顿,限期改正。

温故知新

(1) 电气设备或线路过热引起电火灾的原因有哪些?

(2) 电火灾与其他火灾相比具有哪些特点?

(3) 防止线路短路和过负荷引起火灾的措施有哪些?

(4) 电动机的防火措施有哪些?对电动机灭火要注意哪些问题?

(5) 断电灭火应注意哪些事项?

第 2 章　电气安全措施与管理

在供用电工作中,必须特别注意电气安全。供电系统中的很多电气事故,都是由于制度不健全或违反操作规程所造成的。如果不注意电气安全,就可能造成严重的人身触电事故,或者引起失火或爆炸,给国家和人民带来极大的损失。电气安全的技术措施及与其配套的安全管理工作是一项复杂的系统工程,包含的内容很多,本章只介绍其中一些基本措施及管理规范。

2.1　接地保护和接零保护措施

2.1.1　接地保护措施

2.1.1.1　采用接地保护的必要性

电气设备的金属外壳都是与内部的带电部分绝缘的。在正常情况下不带电,一旦金属外壳与内部带电体之间的绝缘损坏,就会导致金属外壳带电,人体触及它便会触电。实践证明,采用接地保护是用电行之有效的安全保护手段,是防止人身触电事故、保障电气设备正常运行所采取的一项重要技术措施。

2.1.1.2　接地保护的类型

接地是指电气装置为达到安全和功能的目的,采取包括接地极、接地母线、接地线的接地系统与大地做成电气连接,即接大地;或是电气装置与某一基准电位点做电气连接,即接基准地。

(1) 工作接地。在三相交流电力系统中,为供电的电源变压器低压中性点接地称为工作接地。采取工作接地,可降低高压窜入低压的危险,减轻低压某一相接地时的触电危险,如图 2.1 所示。

工作接地是低压电网运行的主要安全设施,工作接地电阻必须小于 4Ω。

(2) 保护接地。为了防止电气设备外露的不带电导体意外带电造成危险,将该电气设备经保护接地线与深埋在地下的接地体紧密连接起来的做法叫做保护接地,如图 2.2 所示。

保护接地是中性点不接地低压系统的主要安全措施。在一般低压系统中,保护接地电阻应小于 4Ω。

(3) 防雷接地。为了防止电气设备和建筑物因遭受雷击而受损,将避雷针、避雷线、避雷器等防雷设备进行接地,叫做防雷接地,其接线如图 2.3 所示。

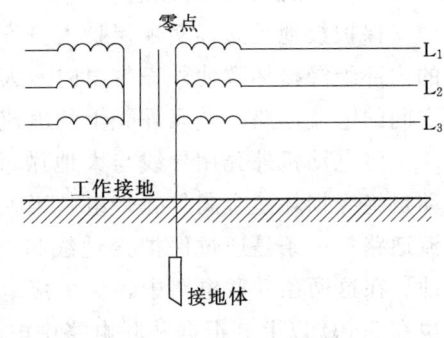

图 2.1　工作接地接线

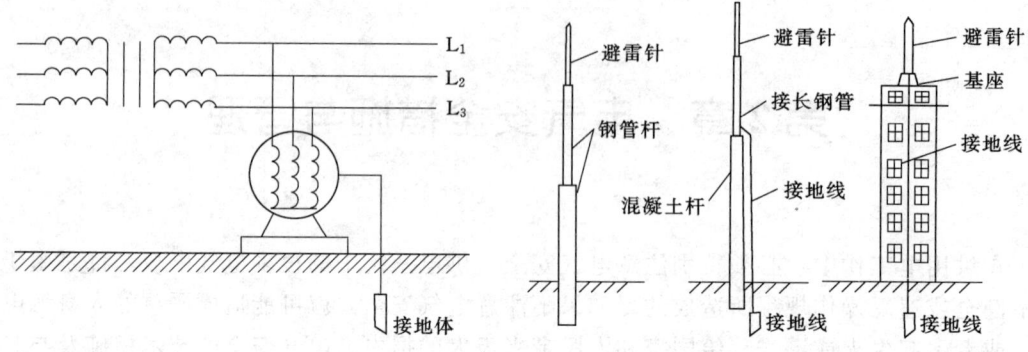

图 2.2　保护接地接线　　　　　图 2.3　防雷接地接线

（4）防静电接地。为消除生产过程中产生的静电而设置的接地，叫做防静电接地。

（5）屏蔽接地。为防止电磁感应而对电力设备的金属外壳、屏蔽罩、屏蔽线的外皮或建筑物金属屏蔽体等进行接地，叫做屏蔽接地。

（6）重复接地。三相四线制的零线（或中性点）一处或多处经接地装置与大地再次可靠连接，称为重复接地，其接线如图 2.4 所示。

（7）共同接地。在接地保护系统中，将接地干线或分支线多点与接地装置连接，叫做共同接地。其接线如图 2.5 所示。

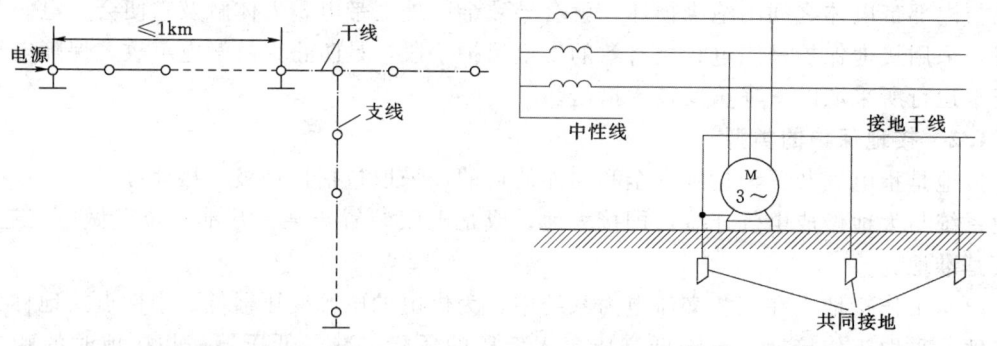

图 2.4　重复接地接线　　　　　图 2.5　共同接地接线

2.1.1.3　保护接地的原理

保护接地是怎样实现保护人身安全的呢？如果一台没有保护接地装置的电动机，当它的内部绝缘损坏致使外壳带电时，人体一旦接触，就通过人体连通了带电金属外壳与大地之间的电流通路，金属外壳上的电流经人体流入大地而使人触电，如图 2.6（a）所示。

将电动机外壳用导线与大地做可靠的电气连接后，如图 2.6（b）所示，如果这台电动机绝缘损坏使金属外壳带电，当人体接触它时，金属外壳与大地之间将形成两条并联电流通路；一条是通过保护接地线将电流泄放到大地，另一条是通过人体将电流泄放到大地。在这两条并联电路中，保护接地线的电阻很小，通常只有 4Ω 左右，而人体电阻最小也在 500Ω 以上。根据并联电路中电流与电阻成反比的原理，人体所通过的电流就大大小于通过保护接地线的电流，这时人体就没有触电的感觉。再则，由于保护接地线的电阻太

2.1 接地保护和接零保护措施

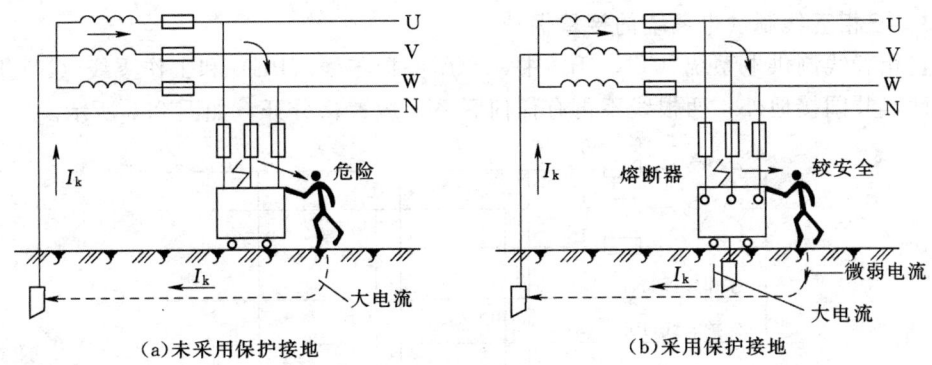

图 2.6 采用保护接地前后接线

小,对电动机与大地之间接近于短路,所以将有大电流通过保护接地线,这种大电流会使电路中的保护设备动作,自动切断电路,从另一层面上保护了人身与设备的安全。

2.1.1.4 对接地装置的技术要求

为了保证接地装置起到安全保护作用,一般接地装置应满足以下要求:

(1) 低压电气设备接地装置的接地电阻不宜超过 4Ω。

(2) 低压线路零线每一重复接地装置的接地电阻不应大于 10Ω。

(3) 在接地电阻允许达到 10Ω 的电力网中,每一重复接地装置的接地电阻不应超过 30Ω,但重复接地不应少于 3 处。

(4) 接地线与接地体处一般应焊接。如采用搭焊接,其搭接长度必须为扁钢宽度的 2 倍或圆钢直径的 6 倍,若焊接困难,可用螺栓连接,但应采取可靠的防锈措施。

2.1.2 接零保护措施

2.1.2.1 接零保护概念

把电气设备在正常情况下不带电的金属部分与电网的零线(或中性线)紧密地连接起来,称为接零保护。

接零保护的方法适合于三相四线制供电系统(TN-C)和三相五线制供电系统(TN-S)。

2.1.2.2 三相四线制供电系统的接零保护

在中性点接地的三相四线制供电系统(TN-C)中,保护接零(PE)与工作零线(N)合二为一,即工作零线也充当保护零线,如图 2.7 所示。

当电气设备绝缘损坏,金属外壳带电时,由于接零保护的导线电阻很小,相当于对中性线短路,这种很大的短路电流将使线路的保护装置迅速动作,切断电路,既保护了人身安全又保护了设备安全。

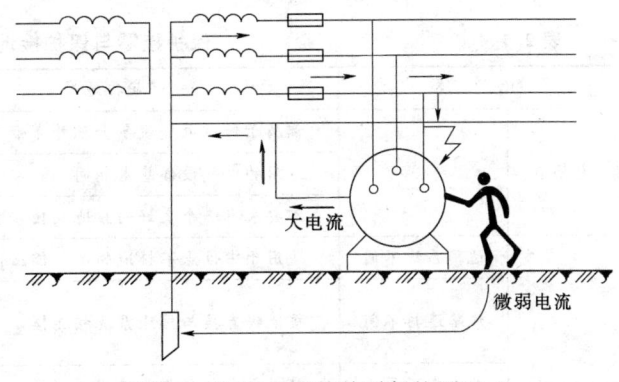

图 2.7 TN-C 系统接零保护原理

2.1.2.3　三相五线制供电系统的接零保护

在三相五线制供电系统（TN-S）中，专用保护零线（PE）和工作零线（N）除在变压器中性点共同接地外，两根线不再有任何联系，应严格分开，如图2.8所示。

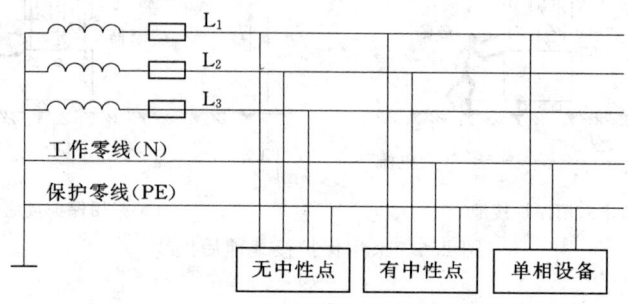

图2.8　TN-S系统的接零保护

TN-S系统单相回路接线如图2.9所示。

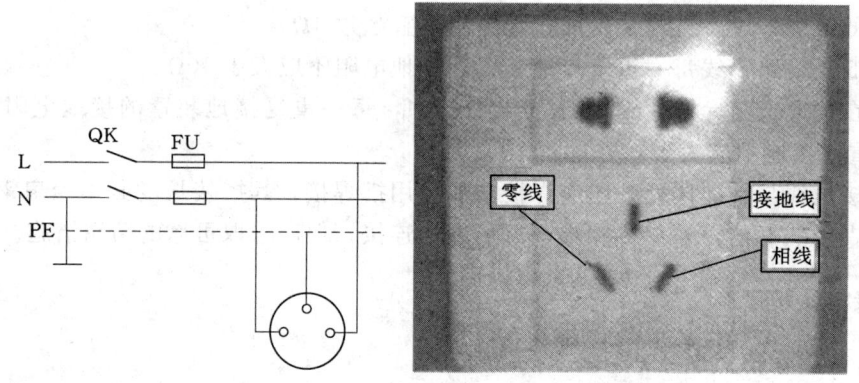

图2.9　TN-S系统单相回路接线

指点迷津

保护接零与保护接地的比较见表2.1。

表2.1　　　　　　　　　　　保护接零与保护接地的比较

比　　较		保护接地	保护接零
相同点		都属于针对电气设备金属外壳带电而采取的保护措施	
		适用的电气设备基本相同	
		都要求有一个良好的接地或接零装置	
区别	适用系统不同	适用于中性点不接地的高、低压供电系统	适用于中性点接地的低压供电系统
	线路连接不同	接地线直接与接地系统相连接	接零保护线直接与电网的中性线连接，再通过中性线接地
	要求不同	要求每个电器都要接地	只要求三相四线制系统的中性点接地

温故知新

(1) 在生活中你见过哪些电气设备上用了保护接地装置?它们是如何与大地连接的?加了保护接地装置后为什么不会触电?

(2) 在家庭用电的单相交流电路中,无论是三孔插座还是三角插头,它们多用保护接地还是接零保护?为什么?

(3) 为什么装用保护线 PE 不允许断线,也不允许接入漏电开关?

2.2 人身触电防护

为搞好电气安全,必须采取先进的防护措施和管理措施,防止发生人身触电事故,可分为直接接触电击防护和间接接触电击防护。

2.2.1 直接接触电击防护

绝缘、遮栏和阻挡物、电气间隙和安全距离、剩余电流保护等都是防止直接接触电击的防护措施。

2.2.1.1 绝缘

绝缘、屏护和间距措施是各种电气设备都必须考虑的通用安全措施,其主要作用是防止人体触及或过分接近带电体造成触电事故,以及防止短路、故障接地等电气事故。

绝缘就是绝缘物质和材料把带电体包覆或封闭起来,以隔离带电体或不同电位的导体。长久以来,绝缘一直是作为防止电事故的重要措施,良好的绝缘也是保证电气系统正常运行的基本条件,如图 2.10 所示。

1) 常用绝缘材料。绝缘材料的主要作用是对带电或不同电压的导体进行隔离,使电流按照确定线路流动。绝缘材料的品种很多,常用绝缘材料见表 2.2。

图 2.10 绝缘措施举例

表 2.2　　　　　　　　　　常用绝缘材料

种　类	绝　缘　材　料
气体绝缘材料	空气、氮、氢、二氧化碳等
液体绝缘材料	绝缘矿物油、十二烷基苯、聚丁二烯、硅油和三氯联苯等合成油,以及蓖麻油
固体绝缘材料	树脂绝缘漆,纸、纸板等绝缘纤维制品;漆布、漆管和绑扎等绝缘浸渍纤维制品;绝缘云母制品;电工用薄膜、复合制品和黏带;电工用层压制品和橡胶、玻璃、陶瓷等

2) 绝缘破坏。在电气设备的运行过程中,绝缘材料会由于电场、热、化学、机械、生物等因素的作用,使绝缘性能发生劣化,称为绝缘破坏。

第2章 电气安全措施与管理

绝缘破坏可分为绝缘击穿、绝缘老化和绝缘损坏3种情况。

3) 绝缘电阻指标。绝缘电阻随线路和设备的不同,其指标要求也不一样。一般而言,高压较低压要求高;新设备较老设备要求高;室外设备较室内设备要求高;移动设备较固定设备要求高等。几种主要线路和设备应达到的绝缘电阻值见表2.3。

表2.3　几种主要线路和设备的绝缘电阻值指标

线路或设备	绝缘电阻值指标
新装和大修后的低压线路和设备	不应低于0.5MΩ
运行中的线路和设备	每伏工作电压不小于1000Ω
安全电压下工作的设备	同220V一样,不得低于0.22MΩ(在潮湿环境,要求可降低为每伏工作电压500Ω)
携带式电气设备	不应低于2MΩ
配电盘二次线路	不应低于1MΩ(在潮湿环境,允许降低为0.5MΩ)
10kV高压架空线路	每个绝缘子的绝缘电阻不应低于300MΩ
35kV及以上高压架空线路	每个绝缘子的绝缘电阻不应低于500MΩ
运行中的6～10kV电力电缆	不应低于400～1000MΩ(干燥季节取较大的数值,潮湿季节取较小的数值)
运行中35kV电力电缆	不应低于600～1500MΩ(干燥季节取较大的数值,潮湿季节取较小的数值)
电力变压器投入运行前	应不低于出厂时的70%(运行中的绝缘电阻可适当降低)

4) 绝缘电阻测量。绝缘材料的电阻可以用比较法(属于伏安法)测量,也可以用泄漏法测量,通常用兆欧表进行测量。

在兆欧表上有3个接线端钮,分别标为接地E、电路L和屏蔽G。一般测量仅用E、L两端,E通常接地或接设备外壳,L接被测线路,如电机、电器的导线或电机绕组。

测量电缆芯线对外皮的绝缘电阻时,为消除芯线绝缘层表面漏电引起的误差,还应在绝缘上包以锡箔,并使之与G端连接,如图2.11所示。这样就使得流经绝缘表面的电流不再经过流比计的测量线圈,而是直接流经G端构成回路,所以,测得的绝缘电阻只是电缆绝缘的体积电阻。

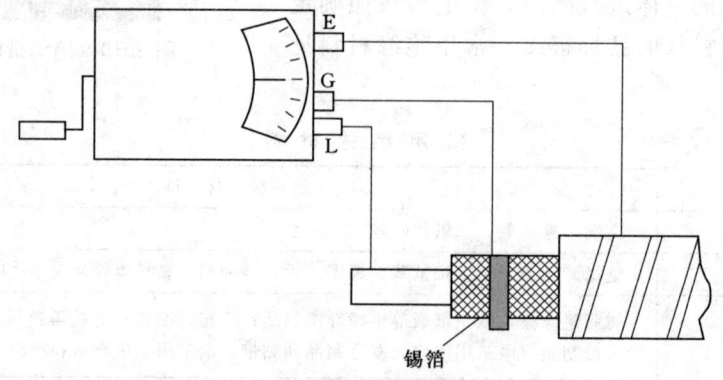

图2.11　兆欧表测量电力电缆绝缘电阻

2.2 人身触电防护

案例分析

事故经过：村民甲准备把已拉回麦场的小麦进行脱粒，就去找村民乙借用脱粒机。在取得乙同意后，他没有先拉开刀闸切断电源，就去移动脱粒机。当他手抓拉把时，突然大叫一声："有电！"便倒在地上。乙急忙将刀闸拉开，但甲经抢救无效死亡。

事故分析：电气设备由于绝缘损坏或其他原因造成接地短路故障时，其金属外壳便带有电压，如人体两个部位同时接触设备外壳和地面时，人体两个部位会处于不同的电位，产生接触电压，从而造成接触电压触电。

事故教训：电气设备的金属外壳必须接地（接零），不准在运行中拆卸、修理、搬挪电气设备，检修、搬挪时必须停车，切断电源，以防发生安全事故和接触电压触电。

2.2.1.2 屏护措施

屏护是一种对电击危险因素进行隔离的手段，即采用遮栏、护罩、护盖、箱匣等把危险的带电体同外界隔离开来，以防止人体触及或接近带电体引起触电事故。屏护还起到防止电弧伤人、防止弧光短路或便利检修工作的作用。

（1）屏护的种类。屏护的种类见表 2.4。

表 2.4   屏 护 的 种 类

种 类	说 明
屏蔽	属于一种安全的防护
障碍（或称阻挡物）	一种不完全的防护，只能防止人体无意识触及或接近带电体，而不能防止有意识移开、绕过或翻越该障碍触及或接近带电体
永久性屏护装置	配电装置的遮栏、开关的罩盖等
临时性屏护装置	检修工作中使用的临时设备的屏护装置等
固定屏护装置	母线的护网
移动屏护装置	天车的滑线屏护装置

（2）屏护的应用。

1）屏护装置主要用于电气设备不便于绝缘或绝缘不足以保证安全的场合，如开关电器、仪表等均需要设置屏护，一般采用成品的箱体。

2）对于高压设备，由于全部绝缘往往有困难，因此，不论高压设备是否有绝缘，均要求加装屏护装置。

3）室内、外安装的变压器和变配电装置应装有完善的屏护装置，如图 2.12 所示。

4）当作业场所邻近带电体，在作业人员与带电体之间、过道、入口等处均应装设可移动的临时遮挡性屏护装置，如图 2.13 所示。

图 2.12 设置变压器护栏作为屏护

图 2.13 设置临时性围栏作为屏护

指点迷津——屏护设置宜与忌

（1）屏护装置所用材料应有足够的机械强度和良好的耐火性能。为防止因意外带电而造成触电事故，对金属材料制成的屏护装置必须实行可靠的接地或接零。

（2）屏护装置应有足够的尺寸，与带电体之间应保持必要的距离。遮栏高度不应小于 1.7m，下边缘离地不应超过 0.1m，网眼遮栏与带电体之间的距离不应小于表 2.5 所列的距离。遮栏的高度户内不应小于 1.2m，户外不应小于 1.5m，栏条间距不应大于 0.2m。对于低压设备，遮栏与裸导体之间的距离不应小于 0.8m。户外变配电装置围墙的高度一般不应少于 2.5m。

表 2.5 网眼遮栏与带电体之间的距离

额定电压/kV	<1	10	20~35
最小距离/m	0.15	0.35	0.6

（3）遮栏、栅栏等屏护上应有"止步高压危险"等标志，如图 2.14 所示。

图 2.14 屏护装置设置警告标志

2.2 人身触电防护

(4) 必要时应配合采用声光报警信号和联锁装置。

2.2.1.3 间距措施

(1) 间距的作用。不同电压等级、不同设备类型、不同安装方式、不同的周围环境所要求的间距不同，主要有以下3个作用：

1) 防止人体触及或接近带电体造成触电事故。
2) 避免车辆或其他器具碰撞或过分接近带电体造成事故。
3) 防止火灾、过电压放电及各种短路事故，以及方便操作。

(2) 线路间距。架空线路导线与地面或水面、导线与建筑物、导线与树木的距离不应低于表2.6所列的数值。

表2.6　　　　　　　　　　导线与相邻物的最小距离　　　　　　　　　　单位：m

导线与相邻物	线路经过地区	线路电压/kV <1	10	35
导线与地面或水面	居民区	6	6.5	7
	非居民区	5	5.5	6
	交通困难地区	4	4.5	5
	不能通航或浮运的河、湖冬季水面（或冰面）	5	5	5.5
	不能通航或浮运的河、湖最高水面（5年一遇的洪水水面）	3	3	3
导线与建筑物	垂直距离	2.5	3.0	4.0
	水平距离	1.0	1.5	3.0
导线与树木	垂直距离	1.0	1.5	3.0
	水平距离	1.0	2.0	—

其中，架空线路应避免跨越建筑物，不应跨越燃烧材料做屋顶的建筑物。架空线路必须跨越建筑物时，应与有关部门协商并取得有关部门的同意。架空线路应与有爆炸危险的厂房和有火灾危险的厂房保持必要的防火间距。架空线路与铁道、道路、管道、索道及其他架空线路之间的距离应符合有关规程的规定。

检查以上各项距离均需考虑当地温度、覆冰、风力等气象条件的影响。

几种线路同杆架设时应取得有关部门同意，而且必须保证以下几点：

1) 电力线路在通信线路上方，高压线路在低压线路上方。
2) 通信线路与低压线路之间的距离不得小于1.5m；低压线路之间不得小于0.6m；低压线路与10kV高压线路之间不得小于1.2m；10kV高压线路与10kV高压线路之间不得小于0.8m。

10kV接户线对地距离不应小于4.0m；低压接户线对地距离不应小于2.5m；低压接户线跨通车街道时，对地距离不应小于6m；跨越通车困难的街道或人行道时不应小于3.5m。

户内电气线路的各项间距应符合有关规程的要求和安装标准。

直接埋地电缆的埋设深度不应小于0.7m。

(3) 设备间距。变配电设备各项安全距离一般不应小于表 2.7 所列的数值。

表 2.7　　　　　　　　　变配电设备的最小允许距离　　　　　　　　　单位：mm

额定电压/V		<1	1~3	6	10	20	35	60
不同相带电部分之间及带电部分与接地部分之间	户内	75	200	200	200	300	400	500
	户外	20	75	100	125	2800	300	550
带电部分至板状遮栏	户内	50	105	130	155	210	330	580
带电部分至网状遮栏	户内	175	300	300	300	400	500	700
	户外	100	175	200	225	280	400	650
带电部分至遮栏	户内	825	950	950	950	1050	1150	1350
	户外	800	850	850	875	930	1050	1300
无遮栏裸导体至地面	户内	2500	2700	2700	2700	2800	2900	2850
	户外	2500	2500	2500	2500	2500	2600	2850
需要不同时停电检修的无遮栏裸导体之间	户内	2000	2200	2200	2200	2300	2400	2600
	户外	1875	1875	1900	1925	1980	2100	2350

表 2.7 中需要不同时停电检修的无遮栏裸导体之间的距离一般是指水平距离，如指垂直距离，35kV 以下者可减为 1000mm。

室内安装的变压器，其外廓与变压器室四壁应留有适当距离。变压器外廓至后壁及侧壁的距离，容量在 1000kVA 及以下者不应小于 0.6m，容量在 1250kVA 及以上者不应小于 0.8m，变压器外廓至门的距离，分别不应小于 0.8m 和 1.0m。

配电装置的布置，应考虑设备搬运、检修、操作和试验方便。为了工作人员的安全，配电装置需保持必要的安全通道。低压配电装置正面通道的宽度，单列布置时不应小于 1.5m，双列布置时不应小于 2m。

低压配电装置背面通道应符合以下要求：

1) 宽度一般不应小于 1m，有困难时可减为 0.8m。

2) 通道内高度低于 2m 无遮栏的裸导电部分与对面墙或设备的距离不应小于 1m；与对面其他裸导电部分的距离不应小于 1.5m。

3) 通道上方裸导电部分的高度低于 2.3m 时应加遮护，遮护后的通道高度不应低于 1.9m。

4) 配电装置长度超过 6m 时，屏后应有两个通向本室或其他房间的出口，且其间距离不应超过 15m。

室内吊灯灯具的高度一般应大于 2.5m；受条件限制时可减为 2.2m，如果还要降低，应采取适当安全措施。当灯具在桌面上方或其他人碰不到的地方时，高度可减为 1.5m。户外照明灯具一般不应低于 3m，墙上灯具高度允许减为 2.5m。

(4) 检修间距。安全间距是指在检修中为了防止人体及其所携带的工具触及或接近带电体而必须保持的最小距离。安全间距的大小决定于电压的高低、设备的类型以及安装的方式等因素。

在低压工作中，人体或其所携带的工具与带电体的距离不应小于 0.1m。在架空线路附近进行起重工作时,起重机具(包括被吊物)与低压线路导线的最小距离为 1.5m。

在高压无遮栏操作中,人体及其所携带工具与带电体之间的距离不应小于下列数值:10kV 及以下为 0.7m;20~35kV 为 1.0m。

用绝缘棒操作时,上述距离可减为:10kV 及以下为 0.4m;20~5kV 为 0.6m。

在线路上工作时,人体及其所携带的工具等与邻近带电线路的最小距离不应小于下列数值:10kV 及以下为 1.0m;35kV 为 2.0m。

如不足上述数值时,邻近线路应停电。

工作中使用喷灯或气焊时,其火焰不得喷向带电体,火焰与带电体的最小距离不得小于下列数值:10kV 及以下为 1.5m;35kV 为 3.0m。

高压作业时,各种作业类别所要求的最小距离见表 2.8。

表 2.8　　　　　　　　　　高压作业的最小距离

类　别	电压等级	
	10kV	35kV
无遮栏作业,人体及所携带工具与带电体之间①	0.7	1.0
无遮栏作业,人体及所携带工具与带电体之间,用绝缘杆操作	0.4	0.6
线路作业,人体及所携带工具与带电体之间②	1.0	2.5
带电冲洗,小型喷嘴与带电体之间	0.4	0.6
喷灯或气焊火焰与带电体之间③	1.5	3.0

①　距离不足时,应装设临时遮栏;
②　距离不足时,邻近线路应当停电;
③　火焰不应喷向带电体。

温故知新

(1) 常用的绝缘材料有哪几种类型?

(2) 一次水灾后,某电器的绝缘性能下降,绝缘电阻值比规定值小 1/2 左右,继续使用会有安全风险吗?该怎么办?

(3) 屏护有哪些种类?在哪些场所需要设置屏护?

(4) 什么是间距?间距有何作用?

2.2.2　间接接触电击保护

2.2.2.1　安全接地

安全接地是为防止电力设施或电气设置绝缘损坏,危及人身安全而设置的保护接地;为消除生产过程中产生的静电积累,引起电击或爆炸而设的静电接地;为防止电磁感应而对设备的金属外壳、屏蔽罩或屏蔽线外皮所进行的屏蔽接地等。

保护接地是将一切正常时不带电而在绝缘损坏时可能带电的金属部分(如各种电气设备的金属外壳、配电装置的金属构架等)与独立的接地装置相连,从而防止工作人员触及时发生电击事故。它是防止间接接触电击的一种技术措施。

保护接地是利用接地装置足够小的接地电阻值,降低故障设备外壳可导电部分对地电压,减小人体触及时流过人体的电流,达到防止接触电压电击的目的。接地电阻包括导体电阻、接地体电阻、土壤散流电阻部分。

低压配电的接地形式，可分为 IT、TT、TN（TN-C、TN-S、TN-C-S）三类。第一个字母：T 表示电源中性点直接接地；I 表示电源中性点不直接接地。第二个字母：T 表示用电设备采用保护接地；N 表示用电设备采用保护接零。第三个字母：C 表示整个系统中性线与保护接零线共用，为保护中性线 PEN；S 表示整个系统中性线与保护接零线分开；CS 表示系统中部分中性线与保护接零线共用。

2.2.2.2　IT 系统（中性点不接地系统）的保护接地

在 IT 系统中，用电设备一相绝缘损坏，外壳带电。如图 2.15（a）所示，若设备外壳没有接地，则设备外壳上将长期存在着电压（接近于相电压），当人体触及到电气设备外壳时，就有电流流过人体。如图 2.15（b）所示，采用保护接地，保护接地电阻 R_b 与人体电阻 R_r 并联，由于 $R_b \ll R_r$，人体触及设备外壳时流过的电流也大大降低。由此可见，只要适当地选择 R_b，即可避免人体电击。

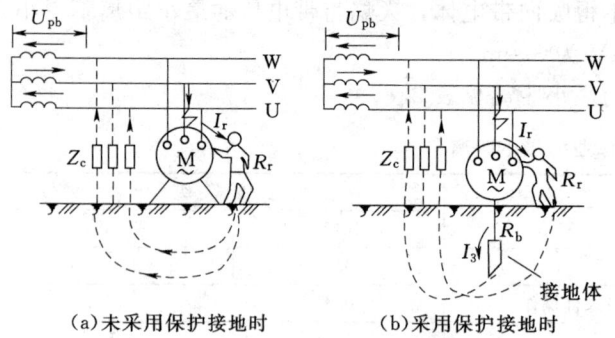

图 2.15　中性点不接地系统的保护接地原理

IT 系统主要适用于各种不接地配电网，包括不接地低压配电网、不接地高压配电网和不接地直流配电网。

2.2.2.3　TT 系统（中性点直接接地系统）的保护接地

在 TT 系统中，若不采用保护接地，如图 2.16（a）所示，当人体接触一相碰壳的电气设备时，人体相当于发生单相电击，作用于人体电压 $U_{jc}=220V$，可以使人致命。

若采用图 2.16（b）所示的保护接地，电流将经人体电阻 R_r 和设备接地电阻 R_b 的并联支路、电源中性点接地电阻、电源形成回路，人体的接触电压为 110V，对人身安全仍有致命的危险。所以，在中性点直接接地的低压系统中，电气设备的外壳采用保护接地，仅能减轻电击的危险程度，并不能保证人身安全，对于一般的过流保护，实现速断是不可能的。因此，一般情况下不能采用 TT 系统，如确有困难不得不采用，则必须将故障持续时间限制在允许范围内。在 TT 系统中，故障最大持续时间原则上不得超过 5s。

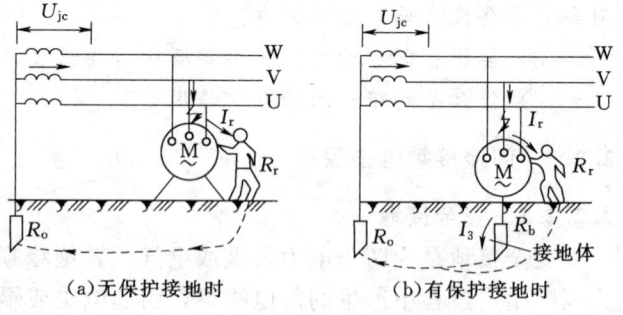

图 2.16　TT 系统保护接地原理

TT 系统主要用于低压供电用户，即用于未装备配电变压器，从外面引进低压电源的小型用户。

2.2.2.4　TN 系统（保护接零）的保护

目前，我国地面上低压配电网绝大多数都采用中性点直接接地的三相四线配电网。在这种配电网中，TN 系统是应用最多的配电及防护方式在中性点直接接地的低压供电网络。

2.2 人身触电防护

图 2.17 所示系统是电源系统有一点直接接地，负载设备的外露导电部分通过保护导体连接到此接地点的系统，即采取接零措施的系统。字母"T"和"N"分别表示配电网中性点直接接地和电气设备金属外壳接零。设备金属外壳与保护零线连接的方式称为保护接零。

在这种系统中，当某一相线直接连接设备金属外壳时，即形成单相短路。短路电流促使线路上的短路保护装置迅速动作，在规定时间内将故障设备断开电源，消除电击危险。

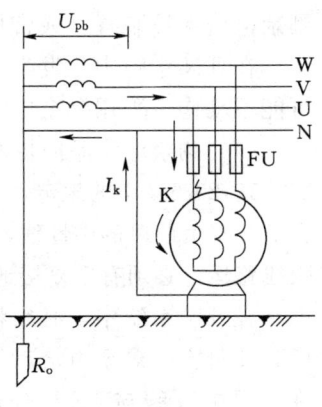

图 2.17 TN 系统

2.2.2.5 安全接地注意事项

(1) 一系统（同一台变压器或同一台发电机供电的系统）中，只能采用一种安全接地方式。

(2) 零线的主干线不允许装设开关或熔断器。

(3) 各设备的保护接零线不允许串接，应各自与零线的干线直接相连。

(4) 在低压配电系统中，不准将 3 眼插座上接电源零线的孔同接地线的孔串接；否则零线松掉或折断，就会使设备金属外壳带电。若零线和相线接反，也会使外设备壳带上危险电压。

2.2.3 剩余电流动作保护装置

剩余电流动作保护装置，是指电路中带电导线对地故障所产生的剩余电流超过规定值时，能够自动切断电源或报警的保护装置，包括各类带剩余电流保护功能的断路器、移动式剩余电流保护装置和剩余电流动作电气火灾监控系统、剩余电流继电器及其组合电器等。

低压配电系统中装设剩余电流动作保护装置是防止直接接触电击事故和间接接触电击事故的有效措施之一，也是防止电气线路或电气设备接地故障引起电气火灾和电气设备损坏事故的技术措施。但安装剩余电流动作保护装置后，仍应以预防为主，并应同时采取其他各项防止电击事故和电气设备损坏事故的技术措施。

剩余电流动作保护装置保护功能如下：

(1) 直接接触电击保护。在直接接触电击保护中，剩余电流保护装置在基本保护措施失效时，可作为直接接触电击保护的补充保护或后备保护措施（不包括对相与相、相与中性线间直接接触电击事故防护）。用于直接接触电击事故防护时，应选用一般型（无延时）的剩余电流动作保护装置。其额定剩余动作电流不超过 30mA。

(2) 间接接触电击保护。间接接触电击保护最有效的措施是自动切断电源，而剩余电流保护装置用来进行间接接触电击的保护。当电气装置的任何部分发生绝缘故障时，人体接触其外露导体时接触电压不应超过 50V，一旦接触电压超过 50V 时必须在规定的时间内自动切断故障的电源。

(3) 接地故障保护。接地故障是带电导体和大地、接地的金属外壳或与地有联系的构件之间的接触。

在 TT 系统中，当额定电流较大且配电线路较长时，发生接地故障的故障电流有可能小于过电流保护的动作整定电流，这时过电流保护装置就不会动作。这种情况下，应采用剩余电流保护装置（或带接地故障保护的断路器）进行接地故障保护。

在 TN 系统中，发生金属性短路在线路较长和额定电流较大时，过电流保护装置也有可能不动作。采用剩余电流保护装置，能可靠进行接地故障保护。

（4）剩余电流保护装置对电网的要求。根据《剩余电流动作保护装置安装和运行》（GB 13955—2005）中的规定，低压系统中安装剩余电流动作保护装置已成为强制性标准。对于保护装置负荷侧的中性线，只能作为中性线，不得与其他回路共用，且不能重复接地。除非因线路运行必须有重复接地时，不应将剩余电流动作保护装置作为线路侧电源保护。

在 TN 系统中，必须将 TN-C 系统改造为 TN-C-S、TN-S 系统或局部 TT 系统后，才可安装剩余电流动作保护装置。在 TN-CS 系统中，剩余电流动作保护装置只允许使用在 N 线与 PE 线分开部分。

案例分析 1：拆除漏保埋祸根"热得快"漏电致死亡

用电户王某因室内线路漏电，家用漏电保护器无法投运，便私自解除运行。某日，王某使用"热得快"烧水，因"热得快"漏电，造成触电死亡。

防范措施：居民用户必须要安装家用漏电保护器，每个月至少要检查、试跳一次，不得私自解除运行。居民用户不要购买、使用"热得快"、带插座的灯头等易发生漏电的用电器。

案例分析 2：剩余电流动作保护器作用大

1. 事故经过

某乡张庄村老张头有一农副产品加工作坊，面粉机、碾米机、饲料粉碎机一应俱全。由于他收取加工费公平合理，态度又好，生意十分红火。1997 年 10 月，在乡电管站组织的安全大检查中，检查人员发现他的电动机均没有安装接地线，便向他说明了接地线的作用和不装接地线的危险性，并要求他尽快安装接地线，老张一口答应。但由于加工业务忙，老张很快便把这事忘在了脑后。春节将至，加工作坊更忙了，有时一连 10 多个小时不能停机，老张为防止电动机烧毁，经常用手摸电动机壳的方法，检查电动机温度。这一天，老张因要到县城买面粉机的备件，便让他的大儿子照看作坊，并叮嘱他一定要记得检查电动机的温度。时近中午，加工房内只剩下小张一人，在他用手检查电动机温度时，触电倒地，直到其家人给他送饭时才发现，待拉下电闸，小张已死亡多时，无法抢救，全家人悲痛欲绝。

经县供电局技术人员检查电动机漏电原因，电动机引线无破损碰壳现象，用兆欧表摇测电动机绕组对壳绝缘为零，判定系由于电动机温升过高，绕组绝缘损坏接壳（但没有烧毁），电动机外壳无接地线，而村配电室的剩余电流动作保护器损坏，没有及时处理，导致小张触电死亡。

2. 事故原因分析

《农村低压电气安全工作规程》（DL 474—2001）"室内线路和电动机"部分第 10.4 条规定：电动机外壳必须可靠接地。《农村安全用电规程》（DLA 493—2001）"安全用电"部分第 5.29 条规定：家用电动机及其启动装置外露可导电部分，均应按照低压电力系统运行方式的要求装设保护接地。

为什么电动机及其启动装置外露可导电部分要安装接地装置呢？这是因为一旦电动机绕组和启动装置的绝缘损坏，或连接导线的绝缘层破损碰壳，都将导致电动机及其启动装置外壳带电，人体一旦接触，将引起触电伤亡事故。设备外壳安装了接地线以后，剩余电流通过接地线流入大地。由于人体电阻比接地线的接地电阻大,流经人体的电流比流入大地的电流要小得多,人体触电的危险性自然就小了。

3. 事故防范对策

为了防止电动机及其启动设备外壳漏电引发的触电伤亡事故,应该做到以下几点:

(1) 按照相关规程的规定,给用电器具外露可导电部分装设保护线,TT 系统和 IT 系统应进行保护接地,对 TN-C 系统采取保护接零,农村抽水、打场等季节性用电的电动机外壳,也应安装临时接地装置。

(2) 接地装置的接地电阻不能大于 4Ω,垂直接地体的钢管壁厚不应小于 3.5mm,角钢厚度不应小于 4mm,且垂直接地体数量不宜少于两根,每根长度不宜小于 2m,两根间的距离不宜小于长度的 2 倍。连接两极可用扁钢或圆钢,扁钢厚度不应小于 4mm,圆钢直径不应小于 8mm,扁钢或圆钢与接地极的连接应采用焊接。接地极埋入地下不能小于 0.6m,并需做防腐处理。接地极引出地面时应有螺栓固定孔。

(3) 设备外壳与接地极的连接可采用铜线、铝线或镀锌铁丝连接,最小使用截面:铜线 4mm,铝线 6mm,镀锌铁丝 8mm 丝两根。接地极与接地线的连接应可靠,宜采用螺栓连接,并加装防松垫片。

(4) 经常检查设备外壳与接地线的连接情况和接地线锈蚀情况,定期摇测其接地电阻。

(5) 装设剩余电流动作保护器并保证其始终处于良好运行状态,严格禁止把交流接触器塞住不让动作的做法。

(6) 普及安全用电知识,用手触摸设备外壳时,应用手指背,一旦外壳漏电,手指本能收缩,脱离漏电外壳。

(7) 普及触电急救方法,只有让更多的人掌握触电急救方法,才能对触电者进行及时抢救,减少触电死亡事故。

2.2.4 双重绝缘

电气工具分为Ⅰ、Ⅱ、Ⅲ类。Ⅰ类工具是需要采取保护接地或保护接零的附加安全措施;Ⅱ类工具是指在防止触电保护方面属于双重绝缘,不需要采用接地或接零保护。双重绝缘是指除基本绝缘之外,还有一层独立的附加绝缘,用来保证基本绝缘损坏时防止金属外壳带电,保护操作者;Ⅲ类工具是指采用安全电压的工具,由独立电源或具备双绕组的变压器供电,一般不易发生电击事故。

2.3 安全操作用具及安全防护技术

2.3.1 电气安全用具作用和分类

2.3.1.1 电气安全用具的作用

安全工器具是用于防止触电、灼伤、高空坠落、摔跌、物体打击等人身伤害,保障操作者在工作时人身安全的各种专业用具和器具。在电力系统中,为了顺利完成任务而又不发生人身事故,操作者必须携带和使用各种电气安全用具。如对运行中的电气设备进行巡视、改变运行方式、检修试验时，需要使用电气安全用具；在线路施工中，需要使用登高安全用具；在带电的电气设备上或邻近带电设备的地方工作时，为了防止触电或被电弧灼伤，需使用绝缘安全用具等。

2.3.1.2 电气安全用具分类

电气安全用具按其基本作用可分为绝缘安全用具和一般性防护安全用具两大类。

绝缘安全用具是用来防止工作人员直接电击的安全用具。它分为基本安全用具和辅助安全用具两种。

基本安全用具是指那些绝缘强度能长期承受设备工作电压的工具，如绝缘棒、绝缘夹钳、验电器等。辅助安全用具是指那些主要用来进一步加强基本安全用具绝缘强度的工具，如绝缘手套、绝缘靴、绝缘垫等。

辅助安全用具不能承受带电设备或线路的工作电压，只能加强基本安全用具的保护作用。因此，辅助安全用具配合基本安全用具使用时，能起到防止工作人员遭受接触电压、跨步电压、电弧灼伤等伤害。

一般性防护安全用具没有绝缘性能，主要用于防止停电检修的设备突然来电，工作人员走错间隔、误登带电设备、电弧灼伤、高空坠落等事故的发生。

2.3.2 绝缘安全用具

2.3.2.1 验电器

（1）低压验电器。低压验电笔是一种用氖灯制成的基本安全用具，当电流流过氖灯时即发出亮光，用以指示设备是否带有电压。其结构如图 2.18 所示。低压验电笔只能用于 380/220V 的系统。使用时，手拿验电笔以一个手指触及金属盖或中心螺钉，金属笔尖与被检查的带电部分接触，如氖灯发亮说明设备带电。灯越亮则电压越高，越暗则电压越低。低压验电笔在使用前要在有电的设备或线路上试验一下，以证明其是否良好。

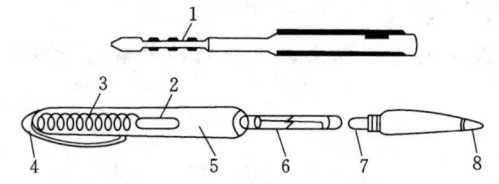

图 2.18 低压验电笔结构

1—绝缘套管；2—小窗；3—弹簧；4—笔尾的金属体；5—笔身；6—氖管；7—电阻；8—笔尖的金属体

低压验电器要定期试验，试验周期为 6 个月。

（2）声光型高压验电器。声光高压验电器根据使用的电压，一般有 3（6）V、10V、35V、110V、220kV 几种。

1）声光型高压验电器结构如图 2.19 所示。它由声光显示器（电压指示器）和全绝缘自由伸缩式操作杆两部分组成。

声光显示器的电路采用先进的集成电路屏蔽工艺，可保证集成元件在高电压强电场下安全可靠地工作。

操作杆由内管和外管组成；拉杆

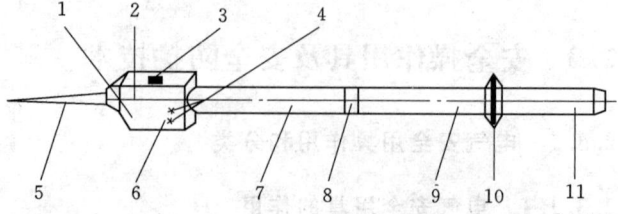

图 2.19 声光型高压验电器结构

1—欠压指示灯；2—电源指示灯；3—自检按钮；4—蜂鸣指示灯；5—探头；6—指示器；7、9、11—内管；8—氖灯；10—隔离护环

2.3 安全操作用具及安全防护技术

式结构，能方便地自由伸缩，采用耐潮、耐酸碱、防霉、耐日光照射、耐弧能力强、绝缘性能优良的环氧树脂和无碱玻璃纤维制作。

2) 使用高压验电器注意事项。

a. 使用前确认验电器电压等级与被验设备或线路的电压等级一致。

b. 验电前后，应在有电的设备上试验，验证验电器良好。

c. 验电时，验电器应逐渐靠近带电部分，直到氖灯发亮为止，不要直接接触带电部分。

d. 验电时，验电器不装接地线，以免操作时接地线碰到带电设备造成接地短路或电击事故。如在木杆或木构架上验电，不接地不能指示者，验电器可加装接地线。

e. 验电时应戴绝缘手套，手不超过握手的隔离护环。

f. 高压验电器每半年试验一次。

2.3.2.2 绝缘棒

绝缘棒又称绝缘杆或操作杆。它主要用于接通或断开隔离开关，跌落式熔断器，装卸携带型接地线以及带电测量和试验等工作。

绝缘棒一般由电木、胶木、环氧玻璃棒或环氧玻璃布管制成。在结构上绝缘棒分为工作、绝缘和握手 3 个部分，如图 2.20 所示。工作部分一般用金属制成，用于 35kV 及以上电压等级；也可用玻璃钢等机械强度较高工作部分的绝缘材料制成，用于 3～10kV 电压等级。按其工作的需要，工作部分不宜过长，一般为 5～8cm，以免操作时造成相间或接地短路。

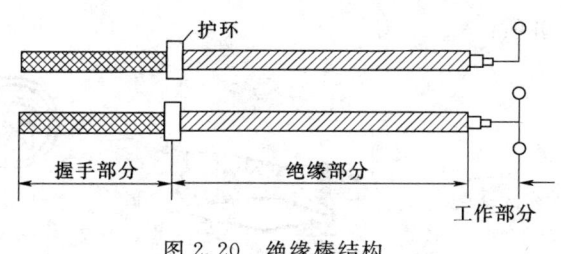

图 2.20 绝缘棒结构

(1) 绝缘棒使用注意事项。

1) 使用前，必须核对绝缘棒的电压等级，应与所操作的电气设备的电压等级相同。

2) 使用绝缘棒时，工作人员应戴绝缘手套，穿绝缘靴，以加强绝缘棒的保护作用。

3) 在下雨、下雪或潮湿天气，无伞形罩的绝缘棒不宜使用。

4) 使用绝缘杆时要注意防止碰撞，以免损坏表面的绝缘层。

(2) 保管注意事项。

1) 绝缘棒应存放在干燥的地方，以防止受潮。

2) 绝缘棒应放在特制的架子上或垂直悬挂在专用挂架上，以防其弯曲。

3) 绝缘棒不得与墙或地面接触，以免碰伤其绝缘表面。

4) 绝缘棒应定期进行绝缘试验，一般每年试验一次。用作测量的绝缘棒每半年试验一次，每 3 个月检查一次，检查有无裂纹、机械损伤、绝缘层破坏等。

2.3.2.3 绝缘夹钳

绝缘夹钳是用来安装和拆卸高压熔断器或执行其他类似工作的工具，主要用于 35kV 及以下电力系统。

绝缘夹钳由工作钳口、绝缘部分和握手部分组成，如图 2.21 所示。各部分由绝缘材料制成，所用材料与绝缘棒相同，只是它的工作部分是一个坚固的夹钳，并有一个或两个管形的开口，用以夹紧熔断器。

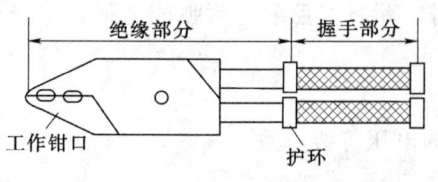

图 2.21 绝缘夹钳

绝缘夹钳的使用注意事项如下：
(1) 使用时绝缘夹钳不允许装接地线。
(2) 在潮湿天气只能使用专用的防雨绝缘夹钳。
(3) 绝缘夹钳应保存在特制的箱子内，以防受潮。
(4) 绝缘夹钳应定期进行试验，试验方法同绝缘棒，试验周期为一年。

2.3.2.4 绝缘手套、绝缘靴（鞋）

在电气工作时还经常使用绝缘手套和绝缘靴（鞋）。在低压带电设备上工作时，绝缘手套可作为基本安全用具使用；绝缘靴（鞋）只能作为与地保持绝缘的辅助安全用具；当系统发生接地故障出现接触电压和跨步电压时，绝缘手套又对接触电压起一定的防护作用；而绝缘靴（鞋）在任何电压等级下都可作为防护跨步电压的基本安全用具。

绝缘手套和绝缘靴（鞋）如图 2.22 所示。使用绝缘手套和绝缘靴时，应注意下列事项：

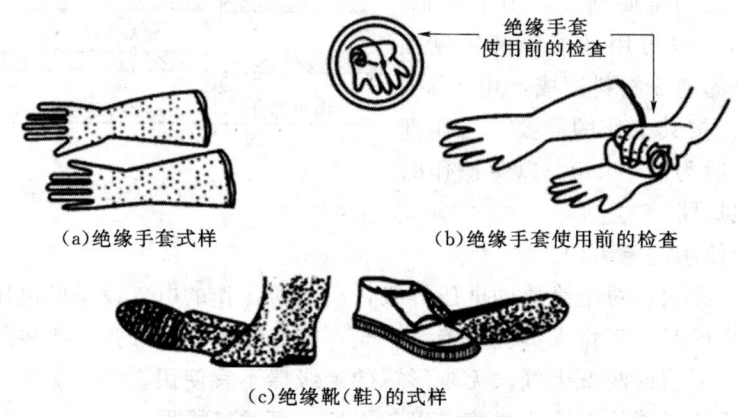

图 2.22 绝缘手套和绝缘靴（鞋）

(1) 使用前进行外部检查应无损伤，并检查有无砂眼漏气，有砂眼漏气的不能使用。
(2) 使用绝缘手套时，最好先戴上一双棉纱手套，夏天可防止出汗使动作不方便，冬天可以保暖，操作时出现弧光短路接地，可防止橡胶熔化灼烫手指。
(3) 绝缘手套和绝缘靴（鞋）应定期进行试验。试验周期为 6 个月，试验合格应有明显标志和试验日期。

绝缘手套和绝缘靴（鞋）的保存应注意下列事项：
(1) 使用后应擦净、晾干，在绝缘手套上还应洒上一些滑石粉，以免粘连。
(2) 绝缘手套和绝缘靴应存放在通风、阴凉的专用柜子里，温度一般为 5～20℃，湿度为 50%～70%最合适。

（3）不合格的绝缘手套和绝缘靴不应与合格的混放在一起，以免错拿使用。

2.3.2.5 绝缘垫和绝缘毯

绝缘垫和绝缘毯由特种橡胶制成，表面有防滑槽纹，如图 2.23 所示。

绝缘垫一般用来铺在配电装置室的地面上，用以提高操作人员对地的绝缘，防止接触电压和跨步电压对人体的伤害。

绝缘地毯一般铺设在高、低压开关柜前，用作固定的辅助安全用具。

绝缘垫应定期进行检查试验，试验标准按规程进行，试验周期为每两年一次。

2.3.2.6 绝缘站台

如图 2.24 所示，绝缘站台由干燥木板或木条制成，是辅助安全用具。室外使用绝缘站台时，站台应放在坚硬的地面上，防止绝缘子陷入泥中或草中，降低绝缘性能。

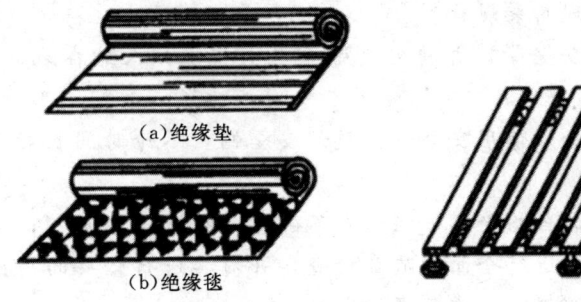

图 2.23　绝缘垫　　　　图 2.24　绝缘站台

案例分析：使用未经检查的安全用具真危险

1. 事故经过

1996 年 12 月，某行政村利用冬闲时间进行低压线路改造，有一段需架设新线路，经过两天的紧张工作，立杆、放线、打拉线、紧线已顺利完成，只剩下往绝缘子上扎线了。这可是个技术活，自然由村电工小罗来干。小罗认为扎线时间短，又靠近电杆，不系安全带、不戴安全帽就上杆扎线。4 根线扎好了 3 根，当小罗准备移动一下位置时，右脚扣尼龙扣带突然断开，致使小罗从杆上坠落，头部恰好撞在放线前才砍倒的树茬上，头部破裂，颅骨下陷。送往医院治疗，昏迷两天后不治而亡。经有关人员对脚扣进行检查，从脚扣尼龙扣带断口看，该脚扣带早已磨损严重，只有很少部分连在一起，小罗上杆前没有仔细检查，带隐患使用，且又违反规程，杆上作业不系安全带，不戴安全帽，导致这次杆上坠落死亡事故发生。事故发生的前两天，是小罗 26 岁生日，他的女儿才刚刚 3 岁。

2. 事故原因分析

《农村低压电气安全工作规程》（DL 476—2001）第 7.3.2 条规定，上杆前应先检查登杆工具，如脚扣、踏板、安全带、梯子等是否完整、牢靠；第 7.3.3 条规定，在电杆上作业，必须使用安全带和戴安全帽。

但在实际工作中，上杆前不检查登杆工具，不做载荷冲击试验，不戴安全帽的习惯性违章现象并不少见。

3. 事故防范对策

（1）对农村电工进行安全教育和反习惯性违章教育，认真学习《农村低压电气安全工作规程》(DL 476—2001)及有关违章案例，使他们认识到规程是用血和生命写成的，在工作中必须认真执行，克服习惯性违章，减少乃至杜绝事故发生。

（2）登杆工具如脚扣、踏板等在每次使用前都必须仔细检查，看各部分有无断裂、锈蚀现象，脚扣、踏板是否牢固可靠，脚扣皮带（尼龙扣带）、踏板绳是否磨损。磨损严重的应及时更换，不抱侥幸心理。脚扣皮带（尼龙扣带）若损坏，不能用绳子或电线捆绑替代。

（3）对登杆工具进行检查，还应对其进行抗冲击试验，具体方法如下：

脚扣：将脚扣扣在电杆距地面30cm左右部位，用脚踏上后系好脚扣皮带，向下猛力蹬踩，脚扣应不变形、不开焊。

踏板：将踏板绳系在电杆上，踏板离地面30cm左右，双脚站在踏板上用力向下猛踩，踏板及其绳索不应出现断裂现象。

安全带：试验者束好安全带，并将安全带系在电杆上，人站在地面上，猛烈向后用力，安全带应不断裂。

（4）在电杆上作业，必须使用安全带、戴好安全帽，不论时间长短都必须严格执行，以防止意外事故发生。

（5）应购买正规厂家的合格产品，经销者不得售伪劣登杆工具。

（6）要定期对安全用具进行全面的质量检查，并对其进行必要的耐压和静拉力试验，发现不合格的就地封存、销毁，以避免事故发生。

2.3.3 一般防护安全用具

一般防护安全用具虽不具备绝缘性能，但对保证电气工作的安全是必不可少的。电气工作常用的一般防护安全用具有携带型接地线、遮栏、标示牌、安全牌。

2.3.3.1 携带型接地线

携带型接地线如图 2.25 所示。对设备停电检修或进行其他工作时，为了防止停电检修设备突然来电（如误操作合闸送电）和邻近高压带电设备所产生的感应电压对人体的危害，是生产现场防止人身电击必须采取的安全措施。接地线装拆顺序正确与否是很重要的。装设接地线必须先接接地端，后接导体端，且必须接触良好；拆除接地线的顺序与此相反。接地线必须使用专用线夹固定在导线上，严禁用缠绕的方法进行接地或短路。

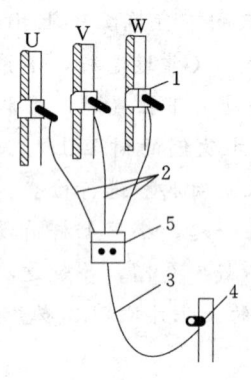

图 2.25 携带型接地线

1、4、5—专用夹头（线夹）；
2—三相短路；3—接地线

2.3.3.2 遮栏

低压电气设备部分停电检修时，为防止检修人员走错位置，误入带电间隔及过分接近带电部分，一般采用遮栏进行防护。此外，遮栏也用作检修安全距离不够时的安全隔离装置。

遮栏分为栅遮栏、绝缘挡板和绝缘罩3种。如图2.26所示，遮栏由干燥的绝缘材料制成，不能用金属材料制作。

2.3 安全操作用具及安全防护技术

2.3.3.3 标示牌

标示牌的用途是警告工作人员不得接近设备的带电部分，提醒工作人员在工作地点采取安全措施，以及表明禁止向某设备合闸送电等。

标示牌按用途可分为禁止、允许和警告 3 类，共计 6 种，如图 2.27 所示。

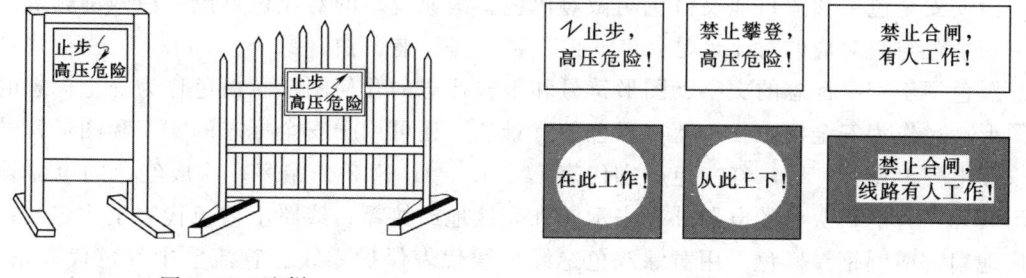

图 2.26　遮栏　　　　　　　　　　图 2.27　标示牌

2.3.3.4 安全牌

为了保证人身安全和设备不受损坏，提醒工作人员对危险或不安全因素的注意，预防意外事故的发生，在生产现场用不同颜色设置了多种安全牌。严禁工作人员在工作中移动或拆除遮栏、接地线和标示牌。人们通过安全牌清晰的图像，引起对安全的注意。常用的安全牌如图 2.28 所示。

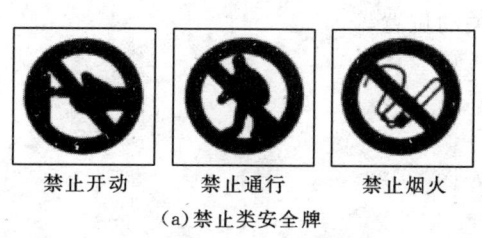

(a) 禁止类安全牌

当心触电　注意头上吊装　注意下落物　注意安全

(b) 警告类安全牌

必须戴安全帽　必须戴防护手套　必须戴护目镜

(c) 指令类安全牌

图 2.28　安全牌

（1）禁止类安全牌：禁止开动、禁止通行、禁止烟火。
（2）警告类安全牌：当心触电、注意头上吊装、注意下落物、注意安全。
（3）指令类安全牌：必须戴安全帽、必须戴防护手套、必须戴防护目镜。

2.3.3.5 安全色和安全标识

安全色是表达安全信息含义的颜色，表示禁止、警告、指令、提示等。国家规定的安全色有红、蓝、黄、绿4种颜色。红色表示禁止、停止；蓝色表示指令、必须遵守的规定；黄色表示警告、注意；绿色表示指示、安全状态、通行。

为使安全色更加醒目地反衬色叫做对比色。国家规定的对比色是黑、白两种颜色。

安全色与其对应的对比色是：红—白、黄—黑、蓝—白、绿—白。

黑色用于安全标志的文字、图形符号和警告标志的几何图形。白色作为安全标志的几何图形，也作为安全标志红、蓝、绿色的背景色，还可用于安全标志的文字和图形符号。

在电气上用黄、绿、红三色分别代表 L_1、L_2、L_3 这3个相序；涂成红色的电器外壳表示其外壳有电；灰色的电器外壳表示其外壳接地或接零；线路上蓝色代表工作零线；明敷接地扁钢或圆钢涂黑色。用黄绿双色绝缘导线代表保护零线。直流电中红色代表正极，蓝色代表负极，信号和警告回路用白色。

安全标志是提醒人员注意或按标志上注明的要求去执行，保障人身和设施安全的重要措施。安全标志一般设置在光线充足、醒目、稍高于视线的地方。

对于隐蔽工程（如埋地电缆），在地面上要有标志桩或依靠永久性建筑挂标志牌，注明工程位置。对于容易被人忽视的电气部位，如封闭的架线槽、设备上的电气盒，要用红漆画上电气箭头。另外，在电气工作中还常用标志牌，以提醒工作人员不得接近带电部分，不得随意改变隔离开关的位置等。

2.4 电气安全管理

2.4.1 电气安全组织管理

2.4.1.1 管理机构和人员

电工是特殊工种，又是危险工种。首先，电工作业过程和工作质量不仅关联着电工本身安全，而且关联着他人和周围设施的安全；其次，电工工作点分散，工作性质不专一，不便于跟班检查和追踪检查，这些都反映了电气安全管理工作的重要性，应当根据本部门电气设备的构成和状态、本部门电气专业人员的组成和管理方式进行管理。专职管理人员应具备一定的电气知识和电气安全知识。安全管理部门、动力部门必须互相配合，共同做好电气安全管理工作。

2.4.1.2 电气工作人员的从业条件

（1）电气工作人员具有的精神素质，坚持岗位的责任制，工作中头脑清醒，对不安全的因素时刻保持警惕。

（2）对电气工作人员要每隔两年进行一次体检，经医生鉴定身体健康、无妨碍电气工作的病症者方可继续工作。凡有高血压、心脏病、气喘、癫痫、神经病、精神病以及耳聋、失明、色盲、高度近视（裸眼视力：一只眼低于0.7，另一只眼低于0.4）和肢体残缺者，都不宜从事电气工作。对一时身体不适、情绪欠佳、精神不振、思想不良的电工，也应临时停止其参加重要的电气工作。这是由电气工作的特殊性所决定的。

（3）电气工作人员应具备必要的电工理论知识和专业技能及其相关的知识和技能，熟悉本部门电气设备和线路的运行方式、装设地点位置、编号、名称、各主要设备的运行维修缺陷、事故记录。

（4）熟悉《电工安全工作规程》及相应的现场规程的有关内容，经考试合格，才允许上岗。

（5）电气工作人员必须掌握触电急救知识，首先学会人工呼吸法和胸外心脏按压法。一旦有人发生触电事故，能够快速、正确地实施救护。

（6）熟悉《全国供用电规则》及有关用电的规章、条例和制度，能主动配合搞好安全用电、计划用电、节约用电工作。

2.4.1.3 规章制度

合理的规章制度是保证安全、促进生产的有效手段。安全操作规程、运行管理规程、电气安装规程等规章制度都与整个企业的安全运转有直接关系。

企业必须执行国家、主管部门和所在地区制定的标准、规程和规范，并根据这些标准、规程和规范制定本部门、本企业、本单位的标准、规程、规范及实施细则。

应根据不同工作的特点，建立相应的安全操作规程。非电工工种的安全操作规程中，不能忽略电气方面的内容，应根据企业性质和环境特点，建立相适应的电气设备运行管理规程和电气设备安装规程。

对于重要设备，应建立专人管理的责任制。对控制范围较宽或控制回路多元化的开关设备、临时线路和临时性设备等比较容易发生事故的设备，应建立相适应的电气设备运行操作规程和电气设备安装规程。

对于重要设备，应建立专人管理的责任制。对控制范围较宽或控制回路多元化的开关设备、临时线路和临时性设备，应当结合具体情况，明确地规定其允许长度、使用期限、安装要求等项目。

为了保证检修工作，特别是高压检修工作的安全，必须坚决执行必要的安全工作制度，如工作票制度、工作监护制度、工作许可制度等。

2.4.1.4 安全检查

（1）电气安全检查包括以下内容。

1）电气设备的绝缘是否老化、是否受潮或破损，绝缘电阻是否合格。
2）电气设备裸露带电部分是否有防护，屏护装置是否符合安全要求。
3）安全距离是否足够。
4）保护接地或保护接零是否正确和可靠。

（2）保护装置是否符合安全要求。

1）携带式照明灯和局部照明灯是否采用了安全电压或其他安全措施。
2）安全用具和防火器材是否齐全。
3）电气设备选型是否正确，安装是否合格，安装位置是否合理。
4）电气连接部位是否完好。
5）电气设备和电气线路温度是否适宜。
6）熔断器熔体的选用及其他过流保护的整定值是否正确。

第2章 电气安全措施与管理

7) 各项维修制度和管理制度是否健全，电工是否经过专业培训等。

8) 对变压器等重要的电气设备应建立巡视检查制度，坚持巡视检查，并做好必要记录。

9) 对于使用中的电气设备，应定期测定其绝缘电阻。

10) 对于各种接地装置，应定期测定其接地电阻。

11) 对于安全用具、避雷器、变压器油及其他一些保护电器，也应定期检查、测定或进行耐压试验。

12) 对于新安装的电气设备，特别是自制的电气设备的验收工作更应坚持原则，一丝不苟。

2.4.1.5 安全教育

安全教育的目的是提高工作人员的安全意识，充分认识安全用电的重要性；同时，使工作人员懂得用电的基本知识，掌握安全用电的基本方法，从而能安全、有效地进行工作。

新入厂的工作人员应接受厂、车间、生产班组等三级的安全教育。

对普通职工，应当要求懂得关于电和安全用电的一般知识。

对于使用电气设备的生产工人，除应懂得一般性知识外，还应当懂得与安全用电相关联的安全规程；对于独立工作的电气专业工作人员，更应当懂得电气装置在安装、使用、维护、检修过程中的安全要求，应当熟知电气安全操作规程及其他相关联的规程，应当学会触电急救和电气灭火的方法，并通过培训和考试取得操作合格证。

新参加电气工作的人员、实习人员和临时参加劳动的人员，都必须经过安全知识教育方可到现场随同参加指定的工作，不得单独工作。特别应当注意加强对合同工和临时工安全教育。对外单位派来支援的电气工作人员，工作前应介绍现场电气设备和接线情况以及有关安全措施。

2.4.1.6 安全资料

安全资料是做好电气安全工作的重要依据，很多技术性资料对于安全工作也是十分必要的，应当注意收集和保存。

为了工作方便和便于检查，应当绘制和保存高压系统图、厂区内架空线路和电缆线路配置电路图、配电平面安装图及其他图纸资料。

对重要设备应单独建立资料档案。每次检修和试验的记录应作为资料保存。设备事故和人身事故的记录也应当作为资料保存。

应当注意收集各种安全标准、规范和法规，应当注意收集国内外电气安全信息并予以分类，作为资料保存。

2.4.2 保证安全的组织措施

在电气设备上工作，保证安全的组织措施有：工作票制度；工作许可制度；工作监护制度和现场看守制度；工作间断、转移和终结制度。

2.4.2.1 工作票制度

在电气设备上工作，要执行工作票制度。

(1) 高压设备工作。在变电站（发电厂）高压电气设备上工作，应填用工作票或事故应急抢修单，其方式有下列 6 种：

1) 填用变电站（发电厂）第一种工作票。填用第一种工作票的工作如下：

a. 高压设备上工作需要全部停电或部分停电者。

b. 二次系统和照明等回路上的工作，需要将高压设备停电者或做安全措施者。

c. 高压电力电缆需停电的工作。

d. 其他工作需要将高压设备停电或要做安全措施者。

2) 填用电力电缆第一种工作票。

a. 高压电力电缆需停电的工作。

b. 从变电站或环网柜（电缆分支箱）送出的高压电缆干线停电的工作。

c. 线路支线是全电缆线路的停电工作。

注：线路、变电、电缆混合性工作，应以主要的工作内容确定使用相应的工作票类型。

3) 填用变电站（发电厂）第二种工作票。填用第二种工作票的工作如下：

a. 控制盘和低压配电盘、配电箱、电源干线上的工作。

b. 二次系统和照明等回路上的工作，无需将高压设备停电者或做安全措施者。

c. 转动中的发电机、同期调相机的励磁回路或高压电动机转子电阻回路上的工作。

d. 非运行人员用绝缘棒和电压互感器定相或用钳型电流表测量高压回路的电流。

e. 大于"设备不停电时的安全距离"的相关场所和带电设备外壳上的工作以及无可能触及带电设备导电部分的工作。

f. 高压电力电缆不需停电的工作。

4) 填用电力电缆第二种工作票。高压电力电缆不许停电的工作。

5) 填用变电站（发电厂）带电作业工作票。填用带电作业工作票的工作为：带电作业或与邻近带电设备距离小于"设备不停电时的安全距离"规定的工作。

6) 填用变电站（发电厂）事故应急抢修单。填用事故应急抢修单的工作为：事故应急抢修可不用工作票，但应使用事故应急抢修单。

（2）在低压电气设备或线路上工作，应按下列方式进行。

1) 填写低压第一种工作票（停电作业）。凡是低压停电工作均应使用低压第一种工作票。

2) 填写低压第二种工作票（不停电作业）。凡是低压间接带电作业，均应使用低压第二种工作票。

3) 口头指令。

不需停电进行的作业，如刷写杆号或用电标语、悬挂警告牌、修剪树枝、检查杆根或为杆根培土等工作，可按口头指令执行。

（3）工作票的填写与签发。工作票应使用钢笔或圆珠笔填写与签发，一式两份，内容应正确、清楚，不得任意涂改。如有个别错、漏字需要修改，应使用规范的符号，字迹应清楚。

用计算机生成或打印的工作票应使用统一的票面格式，由工作票签发人审核无误，手工或电子签名后方可执行。

工作票一份应保存在工作地点,由工作负责人收执;另一份由工作许可人收执,按值移交。工作许可人应将工作票的编号、工作任务、许可及终结时间记入登记簿。

一张工作票中,工作票签发人、工作负责人和工作许可人三者不得互相兼任。工作负责人可以填写工作票。

工作票由设备运行管理单位签发,也可由经设备运行管理单位审核且经批准的调试及基建单位签发。调试及基建单位的工作票签发人及工作负责人名单应事先送有关设备运行管理单位备案。第一种工作票在工作票签发人认为有必要时可采用总工作票、分工作票,并同时签发。总工作票、分工作票的填用、许可等有关规定由单位主管生产的领导(总工程师)批准后执行。

供电单位或施工单位到用户变电站内施工时,工作票应由有权签发工作票的供电单位、施工单位或用户单位签发。

(4) 工作票的使用。工作票的使用、有效期与延期、所列人员的基本条件、所列人员的安全责任在《国家电网公司电力安全工作规程(变电站和发电厂电气部分)》有明确规定,应参照执行。

指点迷津——工作票记忆口诀

工作要办工作票,申请许可才能行。
两种类型工作票,内容逐条看清楚。
填写内容不涂改,工作地点和时间。
设备名称及编号,装设接地线地点。
操作步骤要核对,操作顺序误颠倒。

2.4.2.2 工作许可制度

工作许可人在完成施工现场的安全措施后,还应完成以下手续,工作班方可工作:

(1) 会同工作负责人到现场再次检查所做的安全措施,对具体的设备指明实际的隔离措施,证明检修设备确无电压。

(2) 对工作负责人指明带电设备的位置和工作过程中的注意事项。与工作负责人在工作票上分别确认、签名。

(3) 运行人员不得变更有关检修设备的运行接线方式。工作负责人、工作许可人任何一方不得擅自变更安全措施,工作中如有特殊情况需要变更时,应先取得对方的同意。变更情况及时记录在值班日志内。

2.4.2.3 工作监护制度

工作票许可手续完成后,工作负责人、专责监护人应向工作班成员交代工作内容、人员分工、带电部位和现场安全措施,进行危险点告知,并履行确认手续,工作班方可开始工作。工作负责人、专责监护人应始终在工作现场,对工作班人员的安全认真监护,及时纠正不安全的行为。在工作监护中,应注意以下几点:

(1) 所有工作人员(包括工作负责人)不许单独进入、滞留在高压室内和室外高压设备区内。

(2) 工作负责人在全部停电时,可以参加工作班工作。在部分停电时,只有在安全措施可靠、人员集中在一个工作地点、不致误碰有电部分的情况下,方能参加工作。

(3) 工作票签发人或工作负责人，应根据现场的安全条件、施工范围、工作需要等具体情况，增设专责监护人和确定被监护的人员。

(4) 专责监护人不得兼做其他工作。专责监护人临时离开时，应通知被监护人员停止工作或离开工作现场，待专责监护人回来后方可恢复工作。

(5) 工作期间，工作负责人若因故暂时离开工作现场时，应指定能胜任的人员临时代替，离开前应将工作现场交待清楚，并告知工作班成员。原工作负责人返回工作现场时，也应履行同样的交接手续。

(6) 若工作负责人长时间离开工作现场时，应由原工作票签发人变更工作负责人，履行变更手续，并告知全体工作人员及工作许可人。原工作负责人、现工作负责人应做好必要的交接。

2.4.2.4 工作间断、转移和终结制度

(1) 工作间断。工作间断时，工作班人员应从工作现场撤出，所有安全措施保持不动，工作票仍由工作负责人执存，间断后继续工作，无需通过工作许可人。每日收工，应清扫工作地点，开放已封闭的通路，并将工作票交回运行人员。次日复工时，应得到工作许可人的许可，取回工作票，工作负责人应重新认真检查安全措施是否符合工作票的要求，并召开现场站班会后，方可工作。若无工作负责人或专责监护人带领，工作人员不得进入工作地点。

在未办理工作票终结手续以前，任何人员不准将停电设备合闸送电。

在工作间断期间，若有紧急需要，运行人员可在工作票未交回的情况下合闸送电，但应先通知工作负责人，在得到工作班全体人员已经离开工作地点、可以送电的答复后方可执行，并应采取下列措施：

1) 拆除临时遮栏、接地线和标示牌，恢复常设遮栏，换挂"止步，高压危险！"的标示牌。

2) 应在所有道路派专人守候，以便告诉工作班人员"设备已经合闸送电，不得继续工作"，守候人员在工作票未交回以前，不得离开守候地点。

检修工作结束以前，若需将设备试加工作电压，应按下列条件进行：

a. 全体工作人员撤离工作地点。

b. 将该系统的所有工作票收回，拆除临时遮栏、接地线和标示牌，恢复常设遮栏。

c. 应在工作负责人和运行人员进行全面检查无误后，由运行人员进行加压试验。

工作班若需继续工作时，应重新履行工作许可手续。

(2) 工作转移。在同一电气连接部分用同一工作票依次在几个工作地点转移工作时，全部安全措施由运行人员在开工前一次做完，不需再办理转移手续。但工作负责人在转移工作地点时，应向工作人员交待带电范围、安全措施和注意事项。

(3) 工作终结。全部工作完毕后，工作班应清扫、整理现场。工作负责人应先周密地检查，待全体工作人员撤离工作地点后，再向运行人员交代所修项目、发现的问题、试验结果和存在问题等，并与运行人员共同检查设备状况、状态，有无遗留物件，是否清洁等，然后在工作票上填明工作结束时间。经双方签名后，表示工作终结。

工作完成后，需待工作票上的临时遮栏拆除，标示牌取下，恢复常设遮栏，未拆除的

接地线、未拉开的接地刀闸（装置）等设备运行方式已汇报调度，工作票方告结束。

只有在同一停电系统的所有工作票都已终结，并得到值班调度员或运行值班负责人的许可指令后，方可合闸送电。

已终结的工作票、事故应急抢修单应保存一年。

案例分析：安全措施不力导致人身触电事故

1. 事故经过

2001年7月12日，××电业局送电部在220kV河山变对110kV山南线停电更换出线构架瓷瓶（更换为合成绝缘子），职工谢××与黄××、王××为一个工作小组，谢××担任主操作人、黄××配合、王××担任监护人，负责进线侧绝缘子更换。12时07分，在山南线C相进线上操作时，当该串绝缘子脱出，准备往地面放落时，该相导线突然自翼形卡上脱落并下坠，同时，在导线上的谢××也随导线往下坠落，被挂在导线上的安全带拉住（保护绳此时未受力），造成山南线C相进线导线与下方带电的110kV旁路母线A相距离太近放电。110kV山南线（旁路母线接在该线路上）保护动作跳闸，重合闸不成功。谢××被电弧烧伤腹部和臀部。

2. 事故原因分析

（1）这次使用的瓷瓶更换专用工具翼形卡，是带电作业工具，插销在受晃动时容易脱出。作业时由于人员在导线上，因操作时晃动，插销脱出，造成导线脱落，导致事故。

（2）违反《电业安全工作规程（电力线路部分）》第一百三十一条的规定，安全措施没有经工作人员充分讨论后经部门批准执行，开工前的安全交底没有要求采取防止导线脱落、滑跑的后备保护措施，以致安全措施不完备，这是造成事故后果的重要原因。

（3）工作计划、工作安排不当。110kV旁路母线是可以停电而没有申请停电，采取了危险性大的作业方式。线路的重合闸也没有申请退出。

（4）送电部的安全管理工作有所放松，领导对安全工作的重视不够。送电部的重要检修作业，应认真制定施工方案，事先制定详细的三大措施，经过审批后执行。

3. 事故防范对策

（1）瓷瓶更换专用工具翼形卡，是带电作业工具。当作为停电作业，人员必须下导线时，该工具应当改进，防止插销脱落。工具经过改进后，应当通过模拟操作，有关人员熟练掌握后才能使用。同时应加强专用工具的管理，每一种专用工具应进行编号，并明确其适用的作业方式和项目，禁止超范围使用。

（2）严格执行《电业安全工作规程》的相关规定，送电部应组织职工学习贯彻该规程，作为安全日活动的一项具体内容。

（3）作业下方有带电线路（设备）时，人员不得进入导线。类似的作业要采取带电作业的方式。

（4）从领导上、思想上重视安全工作。组织职工开展好危险点分析预控，按规定认真做好三大措施的制定，具体的措施要细化。

2.4.3 保证安全的技术措施

在全部停电和部分停电的电气设备上工作时，必须完成下列技术措施：停电、验电、挂接地线、悬挂标示牌和装设遮栏（围栏）。

2.4.3.1 停电

（1）工作地点需要停用的设备。

1）检修的设备。

2）工作人员在进行工作中，正常活动范围的距离小于表 2.9 规定距离。

3）在 35kV 及以下的设备处工作，安全距离虽大于表 2.9 的规定，但小于"设备不停电时的安全距离"，同时又无绝缘挡板、安全遮栏措施的设备。

表 2.9　　　　　工作人员工作中正常活动范围与带电设备的安全距离

电压等级/kV	10 及以下	35	110	220	330	500
安全距离/m	0.4	0.6	1.5	3.0	4.0	5.0

注　表中未列出电压按高一挡电压等级的安全距离。

4）带电部分在工作人员后面、两侧、上下，且无可靠安全措施的设备。

5）其他需要停电的设备。

（2）停电注意事项。

检修设备停电，应把各方面的电源完全断开（任何运行中的星形接线设备的中性点，应视为带电设备）。禁止在只经断路器（开关）断开电源的设备上工作。应拉开隔离开关（刀闸），手车开关应拉至试验或检修位置，应使各方面有一个明显的断开点（对于有些设备无法观察到明显断开点的除外）。与停电设备有关的变压器和电压互感器，应将设备各侧断开，防止向停电检修设备反送电。

检修设备和可能来电侧的断路器（开关）、隔离开关（刀闸）应断开控制电源和合闸电源，隔离开关（刀闸）操作把手应锁住，确保不会误送电。

对难以做到与电源完全断开的检修设备，可以拆除设备与电源之间的电气连接。

2.4.3.2 验电

验电时，应使用相应电压等级而且合格的接触式验电器，在装设接地线或合接地刀闸处对各相分别验电。验电前，应先在有电设备上进行试验，确证验电器良好；无法在有电设备上进行试验时可用高压发生器等确证验电器良好。如果在木杆、木梯或木架上验电，不接地线不能指示者，可在验电器绝缘杆尾部接上接地线，但应经运行值班负责人或工作负责人许可。

高压验电应戴绝缘手套。验电器的伸缩式绝缘棒长度应拉足，验电时手应握在手柄处不得超过护环，人体应与验电设备保持安全距离。雨雪天气时不得进行室外直接验电。

对无法进行直接验电的设备，可以进行间接验电，即隔离开关（刀闸）的机械指示位置、电气指示、仪表及带电显示装置指示的变化，且至少应有两个及以上指示已同时发生对应变化；若进行遥控操作，则应同时检查隔离开关（刀闸）的状态指示、遥测、遥控信号及带电显示装置的指示进行间接验电。

330kV 及以上的电气设备，可采用间接验电方法进行验电。

表示设备断开和允许进入间隔的信号、经常接入的电压表等，如果指示有电，则禁止在设备上工作。

2.4.3.3 挂接地线

装设接地线应由两人进行（经批准可以单人装设接地线的项目及运行人员除外）。

当验明设备确已无电压后，应立即将检修设备接地并三相短路。电缆及电容器接地前应逐相充分放电，星形接线电容器的中性点应接地，串联电容器及与整组电容器脱离的电容器应逐个放电，装在绝缘支架上的电容器外壳也应放电。

对于可能送电至停电设备的各方面都应装设接地线或合上接地刀闸，所装接地线与带电部分应考虑接地线摆动时仍符合安全距离的规定。

对于因平行或邻近带电设备导致检修设备可能产生感应电压时，应加装接地线或工作人员使用个人保安线，加装的接地线应登录在工作票上，个人保安接地线由工作人员自装自拆。

接地线、接地刀间与检修设备之间不得连有断路器（开关）或熔断器。若由于设备原因，接地刀间与检修设备之间连有断路器（开关），在接地刀间和断路器（开关）合上后，应有保证断路器（开关）不会分闸的措施。

装设接地线应先接接地端，后接导体端，接地线应接触良好，连接应可靠。拆接地线的顺序与此相反。装、拆接地线均应使用绝缘棒和戴绝缘手套。人体不得碰触接地线或未接地的导线，以防止感应电触电。

成套接地线应用有透明护套的多股软铜线，其截面不得小于 25mm^2，同时应满足装设地点短路电流的要求。

禁止使用其他导线作接地线或短路线。

接地线应使用专用的线夹固定在导体上，严禁用缠绕的方法进行接地或短路。

严禁工作人员擅自移动或拆除接地线。

装、拆接地线，应做好记录，交接班时应交代清楚。

2.4.3.4 悬挂标示牌和装设遮栏

（1）在下列断路器（开关）和隔离开关（刀闸）的操作把手上应悬挂"禁止合闸，有人工作"的标示牌：

1）一经合闸即可送电到工作地点的开关、刀闸。

2）已停用的设备，一经合闸即可启动并造成人身触电危险、设备损坏，或引起总剩余电流动作保护器动作的开关、刀闸。

3）一经合闸会使两个电源系统并列，或引起反送电的开关、刀闸。

（2）在以下地点应挂"止步，高压危险！"或"止步，有电危险"的标示牌。

1）运行设备周围的固定遮栏上。

2）施工地段附近带电设备的遮栏上。

3）因电气施工禁止通过的过道遮栏上。

4）低压设备做耐压试验的周围遮栏上。

（3）在以下邻近带电线路设备的场所，应挂"禁止攀登，有电危险"的标示牌。

1）工作人员或其他人员可能误登的电杆或配电变压器的台架。

2）距离线路或变压器较近，有可能误攀登的建筑物。

（4）在工作地点设置"在此工作！"的标示牌。

（5）装设的临时木（竹）遮栏，与带电部分的距离不得小于表 2.9 的规定数值，装设应牢固、可靠,并悬挂"止步,高压危险!"的标示牌临时遮栏如图 2.29 所示。

(6)严禁工作人员和其他人员随意移动遮栏或取下标示牌。几种常用标示牌如图 2.30 所示。

图 2.29 临时遮栏　　　　　　　　　　图 2.30 标示牌

指点迷津

装设临时接地线必须先接接地端,后接导体端,必须接触良好。装拆接地线应使用绝缘棒和戴绝缘手套。在装拆接地线的过程中,应始终保证接地线处于良好的接地状态,当出现意外突然来电时,能有效地限制接地线上的电位,保证装拆接地线人员的人身安全。

停电检修记忆口诀:

停电验电挂地线,操作程序要记清。

先断开关后拉闸,送电反序操作它。

设备线路要检修,技术措施开先路。

检修线路要停电,断电还要把电验。

人体周边有线路,先验近处后验远。

开关器件验两侧,杆上验电先下边。

确无电压装地线,地线应该挂两端。

知识拓展——停送电联系制度

(1)严格执行"谁停电,谁送电"的规定,严禁"约时送电"。送电时,凭送电联系牌才能送电。

(2)在高压设备和线路上工作及倒闸操作时,执行电气工作票和倒闸操作票制度。

(3)低压回路部分停电时,执行停送电申请单和停送电联系制度。

(4)所有停送电联系工作必须做好详细记录。

(5)停送电必须由专业值班员、班长及主管负责,其他人不得下令停送电。

温故知新

(1)电气安全检查有哪些内容?

(2)工作票内容有哪些?

(3)在什么情况下使用第一种工作票?在什么情况下使用第二种工作票?

(4)停电的安全措施有哪些?

(5)为什么停电以后还要验电?

2.4.4 电气试验安全管理措施

2.4.4.1 准备工作

(1) 坚持班前安全会制度，由工作负责人对当天作业的内容、主要危险点和相应的安全措施，人员分工和安全职责，进行详细的布置，树立安全第一的观念，落实保证安全的组织措施和技术措施。

(2) 按照现行《电业安全工作规程》的要求，办理第一种或第二种工作票，其中第一种工作票应在工作前一日交给变电所值班员。条件允许时，工作票内容可采用计算机打印，但签名、日期、时间仍然用手工填入。

(3) 检查试验设备、工作现场有无妨碍安全的情况。

(4) 工作票签发人应认真核对现场接线情况、回路编号，正确填写工作地点、工作内容，详细注明应采取的各项安全技术措施和安全注意事项，工作负责人认真审查工作票内容，特别是安全措施是否完备，是否符合现场实际。如果工作票内容由工作负责人填写，则工作票签发人应认真审核后予以签发。

(5) 工作负责人随同工作许可人设置安全技术措施，确认已拉开关、刀闸，已装接地线，验电、放电，安放临时围栏，悬挂标示牌等安全措施与工作票相符。

(6) 工作许可人在工作票签字许可后，由工作负责人下达开始工作的命令，方可开始工作。

(7) 合理布置工作现场。

2.4.4.2 高压试验的安全注意事项

(1) 试验设备（如试验变压器及控制箱等）的外壳必须接地，接地线应使用截面积不小于 $4mm^2$ 的多股软铜线，接地必须良好可靠，在无专用接地端子可用时，可接在开关柜柜体。严禁接在来自水管、暖气管、易燃气体管道等非正规的接地体上。

(2) 被试设备的金属外壳应可靠接地。高压引线的接线应牢固并应尽量缩短，高压引线必须使用绝缘子支持固定。

(3) 现场试验区域及被试系统的危险部位及端头应设临时遮栏或拉绳，向外悬挂"止步，高压危险！"的标示牌，并设专人警戒。

(4) 合闸前必须先检查接线，由接线的另一人负责核对检查，将调压器调至零位，并通知现场人员离开试验区域。

(5) 试验必须有监护人监视操作。升压加压过程中，作业人员应精神集中，监护人应大声呼唱，传达口令应清楚、准确。操作人员应戴绝缘手套、穿绝缘靴或站在绝缘垫上。

(6) 试验用电源应有断路明显的双刀开关和电源指示灯。更改接线或试验结束时，应首先断开试验电源，进行放电（指有电容的设备），并将升压设备的高压部分短路接地。

(7) 电气设备在进行耐压试验前，应先测定绝缘电阻。用摇表测定绝缘电阻时，被试设备应确实与电源断开。试验中应防止带电部分与人体接触，试验后被试设备必须放电。

(8) 试验设备的高压电极，除试验时外均应用接地棒接地，被试设备做完耐压试验后应使用放电棒接地放电。

(9) 进行直流高压试验后的高压电机、电容器、电缆等应先用带电阻的接地棒或临时

2.4 电气安全管理

代用的放电电阻放电,然后再直接接地或短路放电。

(10) 在使用中的高压设备,其接地线或短路线拆除后即应认为已有电压,严禁接近。

(11) 遇雷雨和六级以上大风时应停止高压试验。

(12) 试验中如发生异常情况,应立即断开电源,并经放电接地后方可进行检查。

2.4.4.3 二次回路传动试验的安全注意事项

(1) 对电压互感器二次回路做通电试验时,高压侧隔离开关必须断开,二次回路必须与电压互感器断开。严禁将电压互感器二次侧短路。

(2) 电流互感器二次回路严禁开路,经检查确无开路时方可通电试验。

(3) 进行与已运行系统有关的继电保护或自动装置调试时,必须将有关部分断开或申请退出运行,必要时应有运行人员配合工作,严防误操作。

(4) 做开关远方传动试验时,开关处应设专人监视,并应有通信联络和就地可停的措施。

(5) 转动着的电动机,即使未加励磁也应视为有电压,如在其主回路(一次回路)上进行测试工作,应有可靠的绝缘防护措施。

(6) 使用钳型电流表时,其电压等级应与被测电压相符,测量时应戴绝缘手套。

2.4.4.4 工作终结

(1) 试验全部结束后,工作负责人必须认真检查现场,确认:①无遗留物品、工具、接地线等;②已拆的所有引线连接完好牢固;③柜、门、盒等处恢复完好;④为了调试需要而临时退出或改动的保护已正确恢复;⑤调试拆除或短接的线头已恢复;⑥工作班全体人员撤离试验现场。

(2) 工作负责人办理工作终结手续,在工作票上注明工作结束时间,并双方签名。

(3) 对试验中发现的设备问题及处理情况,向被试设备管理运行单位做详细交代。

2.4.5 施工现场电气安全管理规定

(1) 为加强施工现场的电气安全管理,保障职工的人身安全和电气设备的安全,根据国家有关电气安全技术规程,结合本地区实际情况,特制定本规定。

(2) 施工现场必须健全电气安全管理和责任制度,各级动力设备部门负责电气安全管理,公司各队均应设一名专职(或兼职)人员负责电气安全;各级安全部门负责监督检查;施工现场的各类电工在动力设备部门的指导下,负责管辖范围内的电气安全。

(3) 各单位编制工程施工组织设计(施工方案),必须有专项电气安全设计,包括输电线路的走向,固定配电装置的设置点及其配电容量,大型电气设备、集中用电设备的平面布置,有针对性的电气安全技术措施;并严格按设计要求安装。

(4) 施工现场的电气设备必须有有效的安全技术措施。

(5) 电气线路和设备安装完工后,由动力设备部门会同安全部门、施工单位进行验收,合格后方可投入运行。

(6) 必须经常对现场的电气线路和设备进行安全检查。对电气绝缘、接地接零电阻、漏电保护器等开关是否完好,必须指定专人定期测试。台汛季节要强化检查。对查出的问题要编制电气安全技术措施计划限期解决。

(7) 必须按国家的有关规定，对电气专业人员和职工进行电气安全技术教育和电气安全常识教育；新工人的三级入厂教育中必须有一课时以上的电气安全教育；所有施工人员必须懂得触电急救知识；未经培训考核取得合格证书的电工和电气设备操作人员及其他人员，不准从事电气安装、修理和电气设备的操作工作。

(8) 施工现场必须建立电气安全管理制度。

1) 凡是触及或接近带电体的地方，均应采取绝缘、屏护以及保持安全距离等措施。

2) 电力线路和设备的选型必须按国家标准限定安全载流量。

3) 所有电气设备的金属外壳必须具备良好的接地或接零保护。

4) 所有的临时电源和移动电具必须设置有效的漏电保护开关。

5) 在十分潮湿的场所或金属构架等导体性能良好的作业场所，宜使用安全电压（12V）。

6) 有醒目的电气安全标志。无有效安全技术措施的电气设备，不准使用。

温故知新

(1) 电气试验应做哪些准备工作？

(2) 高压试验应注意哪些安全事项？

(3) 电气试验的工作终结包括哪些事项？

(4) 施工现场应具有哪些电气安全管理制度？

第3章 用电设备及装置与安全技术

工厂车间的用电设备及装置品种很多,难以尽述。本章主要介绍几种最常用的通用用电设备的一般安全问题。

3.1 工作环境与电气设备安全

3.1.1 工作环境的划分

从触电的角度考虑,工作环境可分为普通环境、危险环境和高度危险环境。应当根据所在环境触电危险的程度,选用适当的电气设备。

3.1.1.1 普通环境

普通环境即触电危险性小的环境。这类环境必须是干燥(相对湿度不超过75%)、无导电性粉尘的环境。而且,其金属物品、构架、机器设备不多,金属占有系数(金属物品所占面积与建筑物面积之比)不超过20%。此外,这类环境的地板必须是木材、沥青或瓷砖等非导电性材料制成的。

属于这类环境的,有仪表厂的装配大楼、一般机械厂采用的中央试验室、办公室、住宅、公共建筑和生活建筑物等。

3.1.1.2 危险环境

凡是具备下列条件之一者,均属于危险环境,即触电危险性大的环境:
(1) 潮湿(相对湿度大于75%)。
(2) 有导电性粉尘。
(3) 炎热、高温气候(气温经常高于30℃)。
(4) 有泥、砖、湿木板、钢筋混凝土、金属或其他导电性的地面。
(5) 金属占有系数大于20%。

属于这类环境的,有机械厂的金工车间和锻工车间、冶金厂的压延车间、拉丝车间、电炉电极、电机电刷制造车间、锅炉煤粉磨制车间、水泵房、空压站、室内外变配电站、成品库、车辆库等,如图3.1所示。

3.1.1.3 高度危险环境

凡是特别潮湿(相对湿度接近100%)、有腐蚀性气体或有游离物的环境均属于高度危险的环境。凡是有上列危险环境条件中的两条者也属于高度危险的环境。

属于这类环境的,有机械厂的铸工车间、锅炉房、酸洗车间、电镀车间、印染厂的调色漂染车间,化学工程的大多数车间等,如图3.2所示。

各种环境在不同程度上要受到季节、天气等外界因素的影响,任何环境都不可能是一

(a) 锻工车间

(b) 水泵房

图 3.1　危险环境示例

(a) 电镀车间

(b) 漂染车间

图 3.2　高度危险环境示例

成不变的。因此，上述划分只是一般的划分，而不是绝对的。不过，潮气、粉尘、腐蚀性气体或蒸汽及高温都会对电气设备的绝缘起到破坏作用，增加触电的危险，这一点是应当肯定的。

3.1.2　电气设备选择安全

选用电气设备时，除了要注意工作环境触电的危险性之外，还要注意工作环境爆炸和火灾的危险性。

3.1.2.1　不同工作环境的电气设备

电气设备大体有以下几种类型，并且各有其使用范围：

（1）开启式。这种设备的带电部分没有任何防护，人很容易触及其带电部分。这种设备只用于触电危险性小而且人不易接近的环境。

（2）防护式。这种设备的带电部分有罩或网加以防护，人不易触及其带电部分，但潮气、粉尘等能够侵入。这种设备也只宜用于触电危险性小的环境。

（3）封闭式。这种设备的带电部分有严密的罩盖，潮气、粉尘等不易侵入。这种设备可用于触电危险性大的环境。

（4）密闭式和防爆式。这种设备内部与外部完全隔绝，可用于触电危险性大、有爆炸危险或有火灾危险的环境。

3.1.2.2 电气设备选择的一般原则

供、配电系统中电气设备的选择,既要满足在正常工作时能安全可靠运行,同时还要满足在发生短路故障时不致产生损坏。开关电器还必须具有足够的断流能力,并适应所处的位置(户内或户外)、环境温度、海拔高度,以及防尘、防火、防腐、防爆等环境条件。

(1) 按工作环境及正常工作条件选择电气设备。

1) 根据设备所在位置(户内或户外)、使用环境和工作条件,选择电气设备型号。

2) 按工作电压选择电气设备的额定电压。

3) 按最大负荷电流选择电气设备的额定电流。电气设备的额定电流 I_N 应不小于实际通过它的最大电流 I_{max}(或计算电流 I_j)。

(2) 按短路条件校验电气设备的动稳定和热稳定。

为保障电气设备在短路故障时不致损坏,按最大可能的短路电流校验电气设备的动稳定和热稳定。

1) 动稳定:电气设备在冲击短路电流所产生的电动力作用下,电气设备不致损坏。

2) 热稳定:电气设备载流导体在最大瞬态短路电流作用下,其发热温度不超过载流导体短路时的允许发热温度。

(3) 开关电器断流能力校验。

断路器和熔断器等电气设备担负着可靠切断短路电流的任务,所以开关电器还必须校验断流能力,开关设备的断流容量不小于安装地点的最大三相短路容量。

温故知新

(1) 从触电的角度考虑,工作环境是如何分类的?

(2) 如何根据工作环境选用电气设备?

(3) 选用电气设备的一般原则是什么?

3.2 电动机安装与安全

本节主要以常用的三相鼠笼式异步电动机为例,讲解电动机的安装及故障检修等操作技能。

3.2.1 电动机安装方式

电动机的安装方式是指它在机械系统中与构架或其他部件的连接方式。按照国际通用的安装方式代号:B 表示卧式,即电动机轴线水平;V 表示立式,即电动机轴线竖直;X 和 Y 各是 1~2 个数字,表示连接部位和方向。常用电动机安装方式如图 3.3 所示。

3.2.2 电动机安装前检查

电动机在安装前应进行一些必要项目的检查。

3.2.2.1 外观

(1) 整体有无破损,端盖、地脚有无裂纹。

(2) 地脚平面是否有黏结物,若有应清除。

第 3 章 用电设备及装置与安全技术

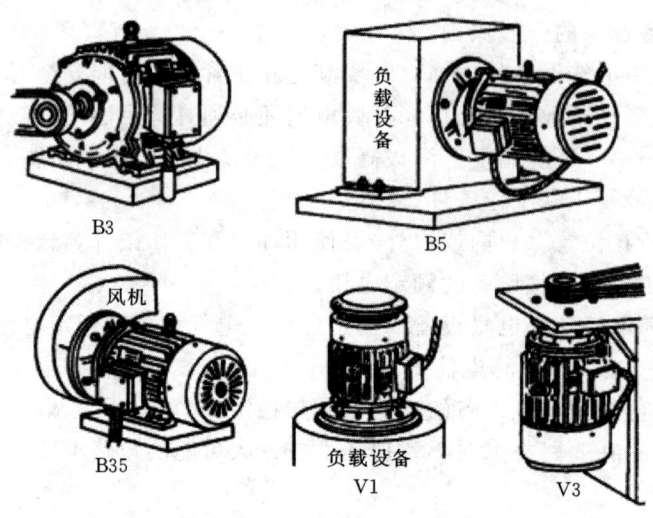

图 3.3 常用电动机安装方式

3.2.2.2 主要安装尺寸

依据产品样本,检查电动机安装尺寸是否符合。

3.2.2.3 核对铭牌数据

查看铭牌上所标主要内容,如型号、功率、电压、电流、转速等是否与图纸规定内容相符。

3.2.2.4 检查电动机各安装螺钉和接线螺钉紧固情况

用扳手或专用工具,逐一检查各安装螺钉和接线螺钉的紧固情况。若发现松动,则应当立即上紧。但注意扭力应适当,防止拧裂、拧断螺栓或损伤螺钉,如图 3.4(a)所示。

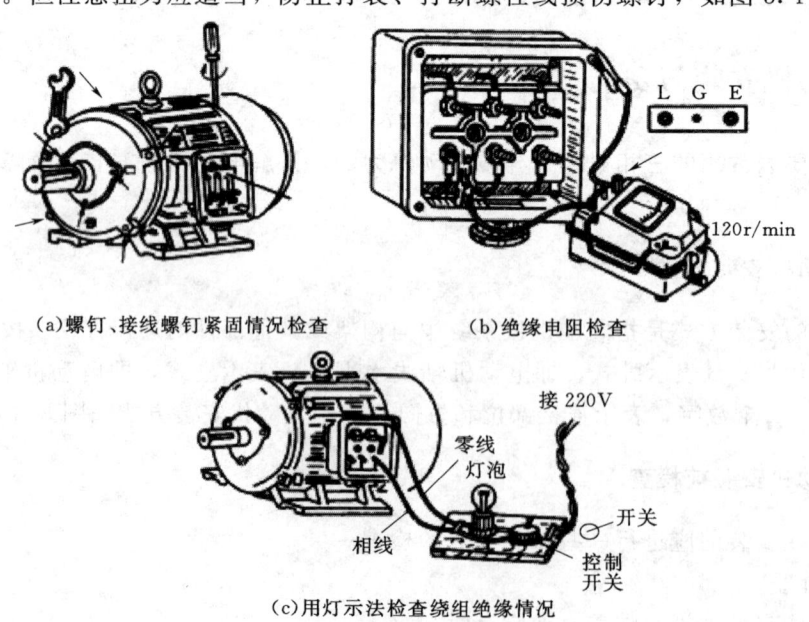

图 3.4 电动机安装前检查

3.2.2.2.5 检查绕组对机壳绝缘

用绝缘电阻表测量每两相之间和每相对地（常称为机壳）的绝缘电阻，如图 3.4（b）所示。绝缘电阻表的转速应在 120r/min 左右，摇动 1min 后读数。对 380V 及以下低压电动机的绝缘电阻值标准不小于 0.5MΩ。

若无绝缘电阻表时，可采用如图 3.4（c）所示的灯示法检查绕组的绝缘情况。绕组绝缘不合格但还未发生短路时，应对电动机进行烘干，达到绝缘要求时才可安装使用，灯泡用 25～40W 的白炽灯。操作时注意安全，防止触电。通电后，灯泡不亮说明绝缘良好；微亮说明绝缘已较差；亮度较大说明绝缘已经损坏，绕组已出现短路点。

3.2.3 安装电动机

3.2.3.1 电动机安装

为了防止震动，安装时应在电动机与基础之间垫衬一层质地坚韧的木板或橡皮等防震；4 个地脚螺栓上均要套用弹簧垫圈；拧螺母时要按对角交错次序拧紧，每个螺母要拧得一样紧。

3.2.3.2 电动机启动设备安装

（1）隔离开关启动设备一般安装在木制或铁制的开关箱内。将开关箱按规定高度固定在墙上，然后将隔离开关和熔断器垂直安装在箱内。

（2）铁壳开关、DZ 型自动开关可直接固定在墙上或木盘上。

（3）YD 启动器必须安装在隔离开关的下侧，如图 3.5 所示。

（4）自耦减压启动器一般安装在铁制配电盘或操作箱内，角铁打孔，穿上螺栓，将启动器四翅的凹处接在螺栓上，再将螺栓拧紧。

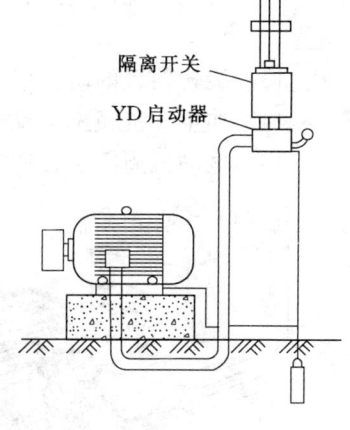

图 3.5　YD 启动器安装位置

3.2.3.3 引线的安装

电动机引线应采用绝缘导线，导线截面应按电动机的额定电流来选择。

若采用橡皮导线或塑料导线经过地下引至电动机，则全长均应加装铁管或硬塑料管来保护，若采用地埋塑料电缆导线，则地上部分应加装铁管或金属硬塑料管来保护。

穿导线的钢管或塑料管应在浇混凝土前埋好，连接电动机的一端钢管管口离地高度不得小于 100mm，并应使它尽量接近电动机的接线盒。然后用软钢管或软塑料管伸入接线盒，如图 3.6 所示。

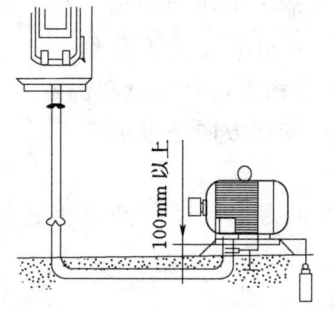

图 3.6　电动机引线安装示意图

3.2.3.4 电动机通电试运行及检查

（1）电动机启动前检查。为了保证电动机能够正常启动，新安装的和大修后重新安装的电动机，在启动前必须认真进行一系列检查。

1）使用电源的种类和电压与电动机铭牌是否一致，电源容量与电动机容量及启动方法是否合适。

2）使用的电线规格是否合适，接线有无错误，端子有无松动，接触是否良好。

3）开关和接触器的容量是否合适，触头是否清洁，接触是否良好。

4）熔断器和热继电器的额定电流与电动机的容量是否匹配，热继电器是否已复位。

5）手动盘车是否灵活。

6）检查电动机润滑系统。

7）检查传动装置、皮带不得过松或过紧，连接要可靠，无裂伤现象，联轴器螺钉及销子应完整、紧固。

8）电动机外壳是否已可靠接地。

9）启动器的开关或手柄是否已放在启动位置上。

10）电动机绕组的相间绝缘及对地绝缘是否良好，各相绕组有无断线。

11）各紧固螺钉及地脚螺钉有无松动。

12）通风系统、通风装置和空气滤清器等部件是否符合规定要求，通风是否良好、无堵塞。

13）旋转装置的防护罩等安全设施是否良好。

14）如生产机械不准反转，则电动机应先确定转向，正确后才可启动。

15）电动机周围是否清洁，有无堆放其他无关物品。

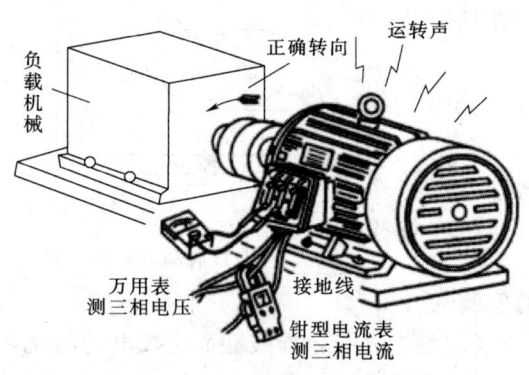

图 3.7 通电检查电动机运转情况

（2）电动机启动后检查。做好启动前的检查后，接通电源使系统运行。如图 3.7 所示，对电动机进行启动后检查。电动机各部位发热情况，电动机和轴承运转情况，各主要连接处的情况，变阻器、控制设备的工作情况，润滑油的油面高度，交流滑环式电动机的换向器，集电环和电刷的工作情况。

1）测量电动机输入电压及电流，检查启动电流是否正常，三相电流是否平衡。电流大小与负荷大小是否相当，有无过载现象。

2）检查电动机旋转方向是否正确。

3）观测电动机和系统的振动与噪声。

4）检查启动装置的动作是否正常，电动机加速过程是否正常、启动时间是否超过规定。

5）检查有无异味和冒烟现象。

通电运行检查有异常，应进行调整或停机妥善处理。

3.2.4 电动机的日常检查与维护

日常检查主要是监视电动机启动、运行等情况，及时发现异常现象，防止事故的发生。一般通过看、听、摸、嗅、问及监视电流表、电压表等方法进行。

(1) 观察电动机有无异常噪声、振动。尤其当听到发闷的沉重"嗡嗡"声时，很可能是跑单相，应立即切断电源进行处理；否则会烧坏电动机。

(2) 通过观察电流表和电压表，能够发现电动机是否过载、三相电流是否平衡、电源电压是否正常等，以便及时发现问题并加以处理。

(3) 用手触摸电动机外壳及轴承处，检查有无过热情况，如图3.8所示。如果手掌能长时间紧贴在发热体上，则可以断定温度在60℃以下。如果热得手掌不能触碰，用手指勉强可以停留1~1.5s，则说明温度已超过80℃，继续运行电动机可能会烧坏。

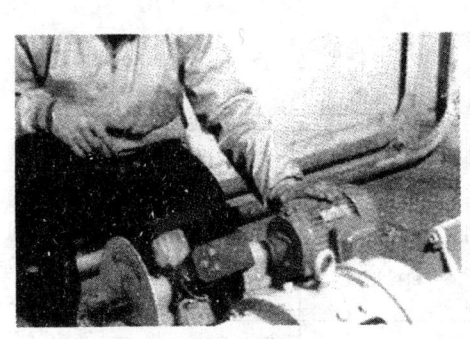

图3.8 检查电动机温升

(4) 经常检查并清扫电动机壳上及进风口处的灰尘、杂物；检查电动机内部有没有遭受水侵蚀、传动皮带张力是否合适等。

(5) 检查轴承并及时加注润滑脂，如图3.9所示。根据使用条件的不同，应半年至两年进行一次解体保养，清洁内部，加注润滑脂，更换不良部件。

图3.9 检查轴承

(6) 对绕线式电动机及直流电动机，应着重检查电刷与滑环、换向器间的接触，电刷磨损及火花等情况，如图3.10所示。

(7) 电动机的定期维护。电动机定期维护分为小修和大修两种，小修属于一般检修，对电动机启动设备及其整体不做大的拆卸；大修应全部拆卸电动机，进行彻底检查和清理。小修和大修的检查项目分别见表3.1和表3.2。

图 3.10　检查滑环并清理油垢

表 3.1　　　　　　　　　　　电动机定期小修检查项目

项目	检查内容	项目	检查内容
清除电动机	(1) 清除和擦去电动机外壳的污垢。 (2) 测量绝缘电阻	检查各个固定不动的螺钉和接地线	(1) 检查地脚螺钉是否紧固。 (2) 检查端盖螺钉是否紧固。 (3) 检查轴承螺钉是否松动。 (4) 检查接地线是否良好
检查和清理电动机接线部分	(1) 清理接线盒污垢。 (2) 检查接线部分螺钉是否松动、损坏。 (3) 拧紧螺母	检查传动装置	(1) 检查传动机构是否可靠,皮带松紧是否适中。 (2) 检查传动装置有无损坏
检查轴承	(1) 检查轴承是否缺油。 (2) 检查轴承有无杂音及磨损情况	检查和清理启动设备	(1) 清理外部污垢,清洁触头,检查是否有烧伤处。 (2) 检查接地是否可靠,测量接地电阻

表 3.2　　　　　　　　　　　电动机定期大修检查项目

项目	检查内容	项目	检查内容
清理电动机及启动设备	(1) 清除表面及内部各部分的油垢、污垢。 (2) 清洗轴承	检查启动设备、测量仪表及保护装置	(1) 启动设备熔点是否良好,接线是否牢固。 (2) 各种测量仪表是否良好。 (3) 检查保护装置动作是否正确良好
检查电动机及启动设备的各种零部件	(1) 检查零部件是否齐全。 (2) 检查零部件有无磨损。 (3) 检查轴承润滑油是否变质,是否需要重新加油	检查传动装置	(1) 检查联轴器是否牢固。 (2) 检查连接螺钉有无松动。 (3) 检查皮带松紧程度
检查电动机绕组有无故障	(1) 绕组有无接地、短路、断路等现象。 (2) 转子有无断裂。 (3) 绝缘电阻是否符合要求	试车检查	(1) 测量绝缘电阻。 (2) 检查安装是否牢固。 (3) 检查各转动部分是否灵活。 (4) 检查电压、电流是否正常,是否有不正常振动和噪声

指点迷津

电动机运行过程中出现以下情况时,应立即停车进行检查:
(1) 电动机或启动器内有烟或火花产生时。
(2) 电动机经剧烈振动后,发现异常声音而威胁电动机的安全时。
(3) 轴承温度超过允许温升值时(温升值:滑动轴承为 45℃、滚动轴承为 60℃)。
(4) 转速急剧降低并使电动机温升值过高时。
(5) 发生缺相运行时。

温故知新

(1) 选用电动机的基本要求有哪些?
(2) 举例说明如何根据条件选用电动机。
(3) 三相电动机日常检查与维护一般包括哪些内容?

3.3 低压开关设备与安全

低压开关电器用于隔离、转换及接通和分断电路,它多用作机床电路的电源开关和局部照明电路的控制开关,有时也可用来直接控制小容量电动机的启动/停止和正/反转。

常用低压开关类电器主要包括刀开关、组合开关和低压断路器 3 类。

3.3.1 刀开关与安全

常用的刀开关主要有胶盖刀开关和铁壳开关。

3.3.1.1 胶盖刀开关

(1) 胶盖刀开关的用途。胶盖刀开关又称为开启式负荷开关,一般简称为刀开关,它是一种结构简单,价格低廉,安装、维修方便,使用最普遍的低压开关,它主要有以下两个方面的用途:

1) 用于电压为 220V 或 380V、电流在 60A 以下的交流低压电路,以及不频繁接通和分断的电路作为控制开关。

2) 用于将电路与电源隔离,作为线路或设备的电源总闸(如对照明、电热负载及小功率电动机等电路的控制)。

指点迷津

胶盖刀开关不能及时切断故障电流,只能承受故障电流引起的电流热效应。熔断器式胶盖,开关留有安装熔丝的位置,其短路分断能力由安装的熔断器的分断能力决定。此时,胶盖刀开关就具有一定的短路保护作用。

(2) 胶盖刀开关的结构。胶盖刀开关由瓷座、胶木盖、静触头、动触头、接熔丝的接点和进/出线座等组成,其结构及符号如图 3.11 所示。

(3) 刀开关安装宜与忌。

1) 刀开关应垂直安装在开关板或条架上,使静触头位于上方,不得倒装,即"手柄向上为合闸,向下为断闸";否则,在分断状态下,若出现刀开关松动脱落,会造成误接通,引起安全事故。只有在刀开关不作切断电流用时,才可以水平安装。

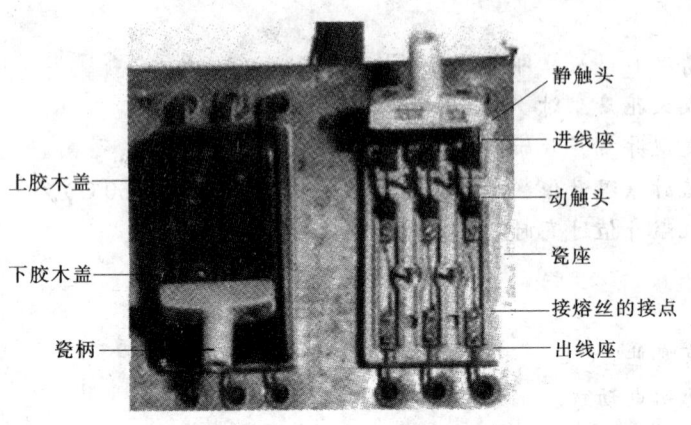

图 3.11 刀开关的结构及符号

2）刀开关接线时，电源进线应接在刀座上端（即静触头接线柱），负载引线接在下方（即负荷侧接线柱），熔断器接在负荷侧；否则，在更换熔丝时会发生触电事故。

3）接线时螺钉应拧紧，保证接线柱与电线良好的电接触；否则使用时会引起过热，影响正常运行。

4）开关距地面的高度为 1.3～1.5m，在有行人通过的地方，应加装防护罩。同时，刀开关在接线、拆线和更换熔丝时应首先断电。

5）应根据额定电流和额定电压选择合适的刀开关。

（4）刀开关维护要点。

1）检查刀开关导电部分有无发热，动、静触头有无烧损及导线（体）连接情况，遇有以上情况时应及时修复。

2）用万用表电阻挡检查动、静触头有无接触不良，对金属外壳的开关要检查每个接点与外壳的绝缘电阻。

3）检查绝缘连杆、底座等绝缘部件有无烧伤和放电现象。

4）检查开关操作机构各部件是否完好，动作是否灵活，断开、合闸时三相是否同期、准确到位。

5）检查外壳内、底座等处有无熔丝熔断后产生的金属粉尘，若有应清扫干净，以免降低绝缘性能。

3.3.1.2 铁壳开关

铁壳开关又称为封闭式负荷开关，其灭弧性能、操作性能、通断能力和安全防护性能都优于胶盖刀开关，适用于不频繁的接通和分断负载电路，并能作为线路末端的短路保护，也可用来控制 15kW 以下交流电动机的不频繁直接启动及停止。

铁壳开关主要由刀开关、熔断器、操作机构和外壳等构成。如图 3.12 所示为 HH3 型封闭式负荷开关的结构。

铁壳开关具有以下特点：

图 3.12 HH3 型封闭式负荷开关的结构

(1) 采用了储能分合闸方式,提高了开关的通断能力,延长了使用寿命。

(2) 设置了联锁装置(即外壳门机械闭锁),开关在闭合状态时,箱盖外壳门不能打开;在箱盖打开时,开关无法接通,以确保操作安全。

3.3.2 低压断路器与安全

3.3.2.1 低压断路器的作用

低压断路器又称为自动空气开关,它是一种能自动切断故障电流,并兼有控制与保护功能的低压电器。

(1) 在低压电路中,低压断路器用于电路中发生过载、短路和欠电压等不正常情况时,作为能自动分断电路的电器,以保护电路和用电设备的安全。

(2) 用于不频繁启动电动机或接通、分断电路。

3.3.2.2 低压断路器的结构

低压断路器因结构不同,可分为装置式和万能式两类。低压断路器的结构如图3.13所示。

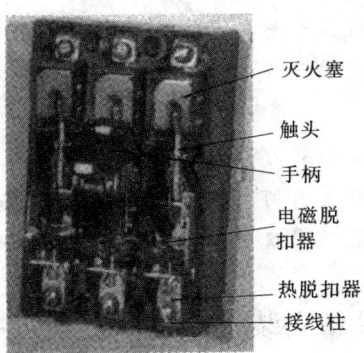

图 3.13 低压断路器的结构

知识拓展——万能式低压断路器

万能式低压断路器又称为框架式低压断路器,如图3.13所示,主要用于低压电路中不频繁接通和分断容量较大的电路,也可以用于40~100kW电动机不频繁全压启动并对电路起过载、短路和失压保护作用。它的操作方式有手柄操作、杠杆操作、电磁铁操作和电动机操作4种。额定电压为380V,额定电流有200A、400A、600A、1000A、1500A、2500A和4000A等几种。

3.3.2.3 低压断路器的选用

选用低压断路器,一般应遵循以下4个原则:

(1) 额定电压和额定电流应不小于电路正常工作电压和工作电流。

(2) 用于控制照明电路时,电磁脱扣器的瞬时脱扣整定电流通常应为负载电流的6倍。用于电动机保护时,装置式低压断路器电磁脱扣器的瞬时脱扣整定电流应为电动机启动电流的1.7倍;万能式低压断路器的整定电流应为电动机启动电流的1.35倍。

热脱扣器的整定电流要与所控制负载的额定电流一致；否则，应进行人工调节。

用于分断或接通电路时，其额定电流和热脱扣器整定电流均应不小于电路中负载的额定电流之和。

（3）电磁脱扣器的瞬时整定电流应大于负载电路正常工作时的工作电流。对于电动机来说，瞬时额定电流一般取不小于电动机启动电流的 1.7 倍。

选用低压断路器作多台电动机短路保护时，电磁脱扣器额定电流为容量最大的一台电动机启动电流的 1.3 倍加上其余电动机额定电流之和。

（4）选用低压断路器时，在类型、等级、规格等方面要配合上、下级开关的保护特性，不允许因本级保护失灵导致越级跳闸，扩大停电范围。

指点迷津

低压断路器的保护动作参数可根据用电设备的要求人为调整，使用方便可靠。

值得注意的是，触头断开后，手柄仍然处在"合"的位置，必须把手柄扳到"分"的位置再扳到"合"的位置，方可恢复正常供电。

温故知新

（1）常用低压开关类电器主要有哪些类型？

（2）能不能用三极刀开关去控制单相负载？能不能用两个二极刀开关组合去控制三相负载？

（3）为什么安装刀开关时要使"手柄向上为合闸，向下为断闸"？

（4）铁壳开关有何特点？在什么情况下应使用铁壳开关？

（5）选用低压断路器一般应遵循哪些原则？

3.4 照明设备安装

3.4.1 照明设备安装要求

3.4.1.1 灯具安装与配线要求

（1）灯具安装固定要求。

1）质量大于 3kg 时，应采用预埋吊钩或螺栓固定。大（重）型灯具应预埋吊钩，固定灯具的吊钩，还可将圆钢的上端弯成弯钩，挂在混凝土内的钢筋上的灯具质量超过 3kg 时，按图 3.14 所示做法固定在预埋的吊钩或螺栓上。

2）非定型大型灯具，应根据实际组装部件质量，以结构核算后确定吊装方法。

3）灯具在 5kg 及以下时，为了确保电气照明设备固定牢固、可靠，并延长使用寿命，在砖混结构中安装电气照明装置时，应采用预埋吊钩、螺栓、螺钉、膨胀螺栓、尼龙塞或塑料塞固定，但严禁使用木楔。

4）大型灯具安装，要先用 5 倍以上的灯具质量进行过载起吊试验，如需要人站在灯具上时，还要另外加上 200kg。为确保花灯固定可靠，不发生坠落，固定花灯的吊钩，其圆钢直径不应小于灯具吊挂销、钩的直径，即不得小于 6mm。对大型花灯、吊装花灯的固定及悬吊装置应按灯具质量的 1.25 倍做过载试验。

3.4 照明设备安装

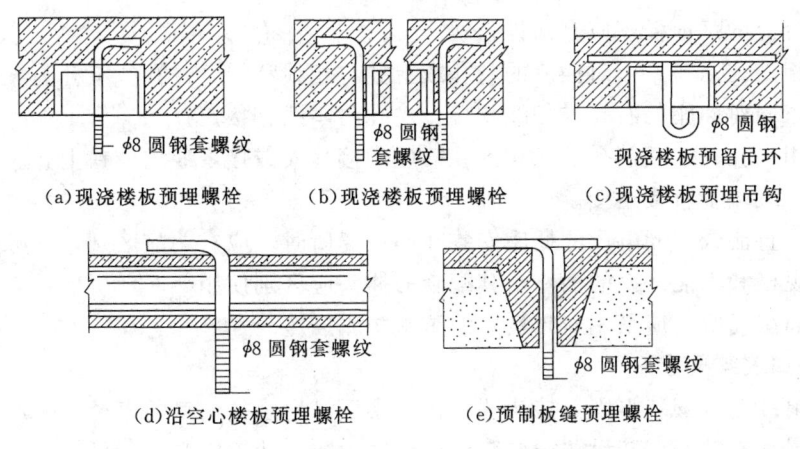

图 3.14 灯具在楼板内预埋钩、螺栓做法

5) 接线盒子口应平整，盒内应清洁。

(2) 灯具配线要求。

1) 穿入灯架的导线，不准有接头，耐压不得小于 250V，截面不得小于 0.5mm²。

2) 导线引进灯具，不得承受额外应力和磨损。软线端头要盘圈、刷锡，使用螺口灯头时，相线接在灯头顶心线柱上。

(3) 露天及潮湿场所灯具安装应使用防火灯具。户外灯具如马路弯灯，安装时应用铁件固定。

(4) 灯具安装防火要求。

(5) 低于 2m 或人易接触到的灯具的金属外壳，必须妥善接地或接零。

(6) 灯具使用的木台应完整，无劈裂，油漆完好。使用的塑料台，应有足够强度，受力后应不变形。

3.4.1.2 开关安装要求

(1) 装在同一建筑物、构筑物内的开关，宜采用同一系列的新产品，开关的通断位置应一致，且操作灵活，接触可靠。

(2) 开关安装的位置应便于操作，开关边缘距门的距离宜为 0.15～0.2m；开关距地面高度宜为 1.3m；拉线开关距地面高度宜为 2～3m；且拉线出口应垂直向下。

(3) 安装的相同型号开关距地面高度应一致，高度差不应大于 1mm；同一室内安装的开关高度差不应大于 5mm；并列安装的拉线开关的相邻间距不宜小于 20mm。

(4) 相线应经开关控制，暗装的开关应采用专用盒，专用盒的四周不应有空隙，且盖板应端正，并紧贴墙面。

3.4.1.3 插座安装要求

(1) 安装高度应符合设计规定，当设计无规定时，一般距地高度为 1.3m，托儿所、幼儿园及小学校不宜小于 1.8m；同一场所安装的插座高度应一致。

(2) 车间及试验室的明、暗插座一般距地高度不低于 0.3m，同一室内安装的插座高低差不应大于 5mm，成排安装的插座不应大于 2mm。

(3) 舞台上的落地插座应有保护盖板。

(4) 单相两孔插座，面对插座的右孔或上孔与相线相接，左孔或下孔与零线相接；单相三孔插座，面对插座的右孔与相线相接，左孔与零线相接。

(5) 单相三孔、三相四孔及三相五孔插座的接地线或接零线均应在上孔。插座的接地端子不应与零线端子直接连接。

(6) 交、直流或不同电压的插座安装在同一场所时，应有明显区别，且必须选择不同结构、不同规格和不能互换的插座；其配套的插头应区别使用。

(7) 在潮湿场所，应采用密封良好的防水防溅插座。

3.4.1.4 吊扇安装要求

(1) 吊扇挂钩应安装牢固，挂钩的直径不小于吊扇悬挂销钉的直径8mm。

(2) 吊扇悬挂销钉应装设防震橡胶垫；销钉的防松装置应齐全、可靠。

(3) 吊扇扇叶距地面高度不宜小于2.5m；接线应正确，运转时，扇叶不应有明显颤动。

3.4.2 安装操作步骤

3.4.2.1 吊灯的安装

下面主要以吊线式安装方式叙述灯具的安装过程。

(1) 确定安装位置。室内灯具悬挂的最低高度通常不得低于2m，室内开关一般安装在门边或其他便于操作的位置。拉线开关离地面高度不应低于2m，扳把开关不低于1.3m。

(2) 选择安装电线。室内照明灯具一般选择铜芯软电线，其最小截面积为0.4mm，如安装用电量大的灯具，应计算线路电流，按安全载流量确定导线截面。

(3) 固定安装底座。底座通常采用木台或塑料圆台，固定底座的方法有多种，主要按安装灯具的质量选择适当的固定方法。可采用吊挂螺栓来固定安装底座，也可采用吊钩、螺栓夹固定安装底座。常用的还有用弓形板和膨胀螺栓来固定安装底座。木台固定前将电源线引出，木台固定后把电源线从挂线盒底座穿出，用木螺钉将挂线盒紧固在木台上。

(4) 接线。

1) 挂线盒接线。先接电源线，把电源线两个线头做绝缘处理，弯成接线圈后，分别压接在样线盒的两个接线螺钉上。取一段长短适当的绞合软电线，作为挂线盒与灯头的连线。连接线的上端接挂线盒内的接线螺钉，下端与灯头相接。在连接线距上端头约50mm处打一个保险结，使其承担部分灯具的质量。然后把连接线上端的两上线头分别穿入挂线底盒正中凸出部分的两个侧孔里，再分别接到孔旁的接线螺钉上。挂线盒接线完毕，将连接线下端穿过挂线盒盖，把盒盖拧紧在挂线盒底座上。

2) 灯座接线。旋下灯座管，将连接线下端穿入灯座盖孔中，在距下端30mm处打一个保险结，然后把经绝缘处理的两上下端线头分别压接在灯座的两个接线螺钉上。如图3.15所示为灯座接线、接线螺钉接线和保险结的打法示意图。

3) 连接软电线采用双芯棉织布缘线即花线时花色线必须接相线即火线，无花单色线按零线。当采用螺口灯座时，必须将相线即控制开关的火线接入螺口内的中心弹簧片上

(a)灯座接线　(b)接线螺钉接线　(c)保险结打法

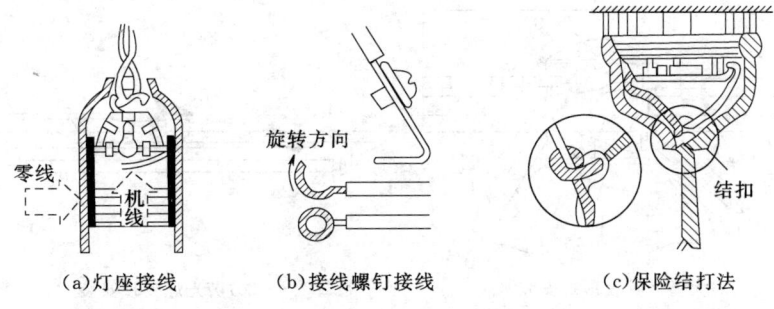

图 3.15　灯座接线、接线螺钉接线和保险结打法示意图

接线端子，零线与灯座螺旋部分相接。

4）软线的另一端接到灯座上，由于接线螺钉不能承受灯的质量，所以，软线在吊线盒及灯座内应打线结，使线结卡在吊线盒的线孔处。

5）吊杆式和吊链式安装。混凝土楼板下，日光灯吊式（钢管式）、吊链式安装方法如图 3.16（a）、（b）所示。普遍采用钢管或吊链安装的日光灯，可避免振动，有利于镇流器散热。白炽灯吊线式安装如图 3.16（c）所示。

3.4.2.2　吸顶灯安装

安装吸顶灯，一般可直接将木台固定在天花板的木砖上或用预埋的螺栓固定，然后再把灯具固定在木台上。用于工厂车间照明的大型灯具吸顶式安装，如图 3.17（a）所示，荧光灯吸顶安装如图 3.17（b）所示。

(a)日光灯吊杆式（钢管式）安装　(b)日光灯链吊式安装　(c)白炽灯吊线安装

图 3.16　混凝土楼板吊装示意图

1—电线管；2—接地线；3—地线夹；4—预埋件或膨胀螺栓；5—接线盒；6—缩口盒盖；7—灯具法兰吊盒；8—圆木；9—吊线盒；10—吊链；11—启辉器；12—镇流器

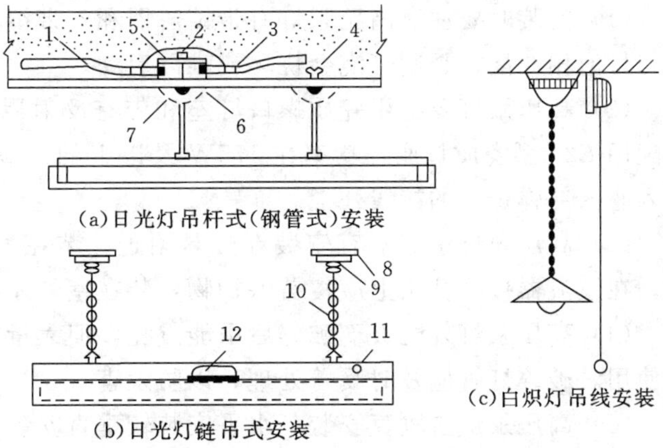

3.4.2.3　灯具接线

（1）灯具接线时，相线和零线应严格区分，零线直接接到灯座上，相线则应经过开关再接到灯座上。

（2）引线与线路的导线连接时，应采用瓷接头连接，也可使用压接或焊接。

（3）螺口灯头为防更换灯泡时触电，接线应符合下列要求：

1）相线应接到中心触点的端子上，中性线应接在螺纹的端子上。

2）灯头的绝缘外壳不应有破损和漏电。

3.4.2.4　日光灯安装

（1）日光灯的安装方法有吸顶、链吊和管吊。

（2）安装时应注意灯管、镇流器、启辉器、电容器的互相匹配，不可随意代用，特别是带有附加线圈的镇流器接线不能接错；否则会损坏灯管。

（3）日光灯的接线，将启辉器的双金属片动触头相连的接线柱接在与镇流器相连的一

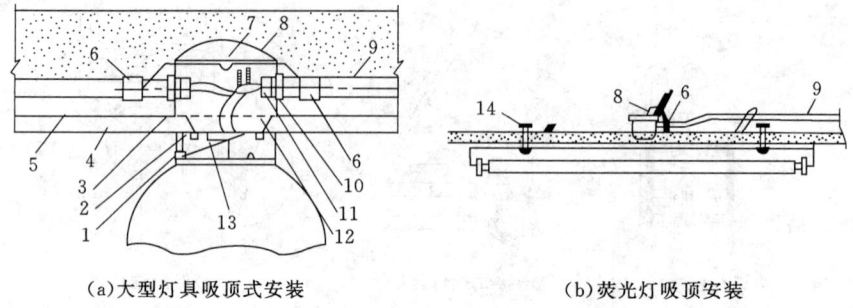

(a) 大型灯具吸顶式安装　　　　　　　(b) 荧光灯吸顶安装

图 3.17　吸顶灯安装

1—安装灯罩；2—灯具安装板；3—接线盒；4—抹面；5—混凝土楼板；6—地线夹；7—地线端子；
8—接地线；9—电线管；10—根母；11—护口；12—缩口盖；13—灯座；14—预埋件或膨胀螺栓

侧灯脚上，另一双金属片静触头接线柱接在与零线相连的一侧灯脚上。这种接线不但启动性能好，而且能迅速点燃并可延长灯管寿命。日光灯接线应将相线接入开关；否则不但接线不安全，而且在开断电源后易发生"余辉"现象。开关的控制线应与镇流器相连接。

3.4.2.5　高压汞灯安装

（1）安装时要注意高压汞灯有带镇流器和不带镇流器两种，带镇流器的一定要使镇流器与灯泡相匹配；否则灯泡会烧坏或难以启动。

（2）高压汞灯要配用瓷质螺口灯座和带有反射罩的灯具，灯功率在125W及以下的，应配用E27型瓷质灯座，功率在175W及以上的，应配用E40型瓷质灯座。相线应接在通入座内部弹簧片的接线柱上。

（3）高压汞灯镇流器宜安装在灯具附近，装在人体不易触及的地方，并应有保护措施，在镇流器接线柱头上应覆盖保护物，装在室外还应有防雨装置。

（4）高压汞灯外壳玻璃破碎后虽能点亮，但大量的紫外线会烧伤人的眼睛，应立即停止使用。破碎灯管应及时妥善处理，以防汞害。

（5）高压汞灯要垂直安装。水平安装较垂直安装容易熄灭，且输出的光通量会减少到70%，而且容易自灭，故安装时倾斜度不应超过15°。如标明灯头在下，则只准灯头在下垂直安装，悬挂高度应根据需要确定，但不宜小于最低悬挂高度。

（6）高压汞灯线路电压波动不宜过大，若电压波动时降低50%，灯泡就会自灭，而且当电压恢复后再启动的时间较长。

（7）高压汞灯工作时，外玻璃壳温度很高，安装时配用的灯具需具有良好的散热条件。

3.4.2.6　卤钨灯安装

卤钨灯的安装如图3.18所示。

（1）安装卤钨灯时，灯脚引入线应采用耐高温的导线，灯脚和灯座间的接触应良好，以免灯脚高温氧化而引起灯管封接处炸裂。

（2）卤钨灯需水平安装，一般倾角不得大于±4°；否则会严重影响灯管寿命。

（3）卤钨灯正常工作时，管壁温度约为600℃，所以安装时不能与易燃物接近，且一定要配备专用的灯罩，不可安装在易燃的木质灯架上，安装点应与易燃物品保持1m以上安全距离。

（4）卤钨灯在使用前，应用酒精擦掉灯管外壁的油污；否则会在高温下形成污点而降低亮度。

（5）卤钨灯的耐震性差，不能用在振动较大的地方，更不宜作为移动光源来使用。

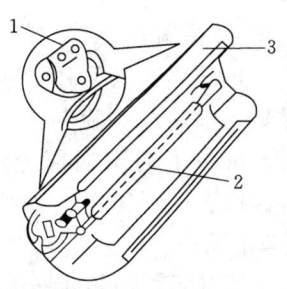

图3.18 卤钨灯的安装
1—接线桩头；2—灯管；3—配套灯座

3.4.2.7 开关及插座明装

（1）开关及插座明装方法是先将木台固定在墙上，然后在木台上安装开关或插座，如图3.19所示。

（2）当木台固定好后，即可用木螺钉将开关或插座固定在木台上且应装在木台的中心。

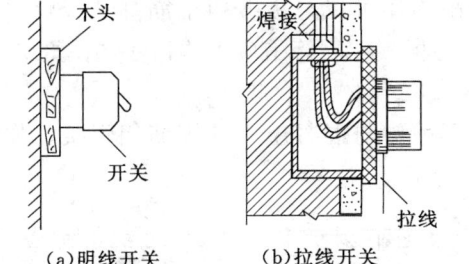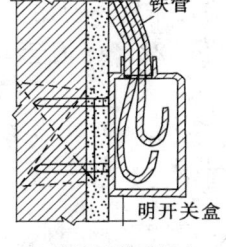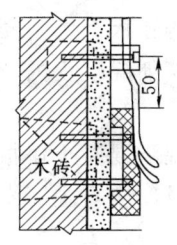

图3.19 开关明装

（3）所用木螺钉长度为固定件厚度的2~2.5倍。

（4）相邻的开关及插座应尽可能采用同一种形式配置，特别是开关柄，其接通和断开电源的位置应一致，但不同电源或电压的插座应有明显的区别。

（5）开关一般装成开关柄往上扳是接通电路，往下扳是切断电路。

（6）插座明装方法与开关明装相同，其接线孔的排列顺序如图3.20所示。

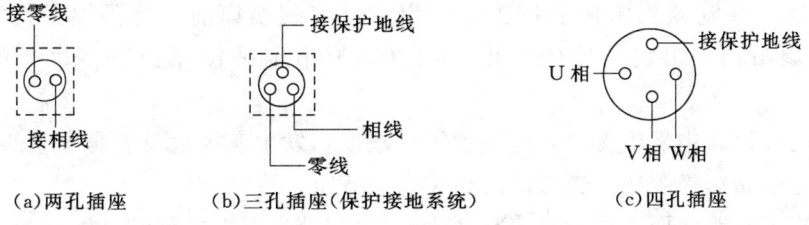

图3.20 插座插孔排列

（7）在砖墙或混凝土结构上，不许用打入木模的方法来固定安装开关和插座用的木台，而应采用埋设膨胀螺栓或其他紧固件的方法。木台的厚度一般不小于10mm。

3.4.2.8 暗装开关、插座安装

（1）如图3.21所示，先将开关盒或插座盒按图要求位置埋在墙壁内。埋设可用水泥浆填充。注意埋设平正，不能有偏斜，铁盒开面应与墙的粉刷层面一致。

（2）待穿完导线后，即可将开关或插座用螺栓固定在铁盒内，接好导线，装上盖板即可，盖板应端正，紧贴墙面。

3.4.2.9 吊扇安装

(1) 吊扇安装采用预埋吊钩的方法,预埋在混凝土中的吊钩应与主筋焊接。如无条件焊接时,可将吊钩末端部分弯曲后与主筋绑扎,吊扇挂钩直径不得小于 8mm,如图 3.22 所示,固定牢固。

在楼(屋)面板上安装吊扇时,应在楼板层管子敷设的同时,一并预埋悬挂吊钩。吊钩应弯成 T 形或 Γ 形。

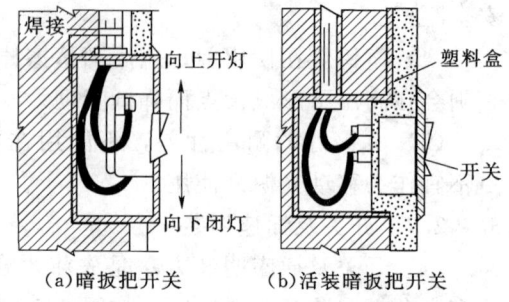

图 3.21 开关暗装

在预制空心板板缝处预埋吊钩,应将 Γ 形吊钩与短钢筋焊接,或者使用 T 形吊钩,吊扇吊钩在板面上与楼板垂直布置,使用 T 形吊钩还可以与板缝内钢筋绑扎或焊接,固定在板缝细混凝土内,如图 3.22(a)所示;空心板板孔配管吊扇吊钩做法如图 3.22(b)所示。

在现浇混凝土楼板内预埋吊钩时,应将 Γ 形吊钩与混凝土中的钢筋相焊接,如无条件焊接时,应与主筋绑扎固定,如图 3.22(c)所示。

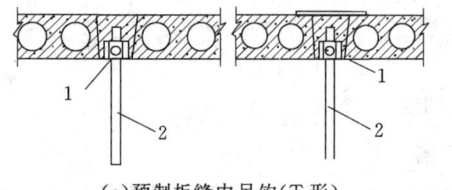
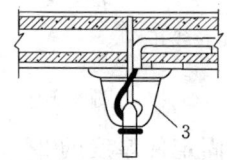
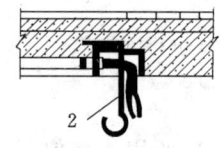

图 3.22 吊扇吊钩在楼板内预埋做法
1—出线盒;2—镀锌圆钢(≥ϕ8mm 圆钢);3—吊杆保护罩

暗配管时,吊扇电源出线盒应使用与灯位盒相同的八角盒,吊扇吊钩由盒中心穿下。

吊扇吊钩应在建筑物室内装饰工程结束后,安装吊扇前,将预埋吊钩露出部位弯制成型,吊扇吊钩伸出建筑物的长度,应以安上吊扇吊杆保护罩将整个吊钩全部遮住为好。

(2) 为防止运转中发生振动,造成紧固件松动,发生各类危及人身安全的事故。故吊扇悬挂销钉应设防震橡胶垫;销钉的防松装置应齐全、可靠。

(3) 吊扇扇叶距地面高度不宜小于 2.5m。吊扇调速开关的安装高度宜为 1.3m。

(4) 吊扇组装时,严禁改变扇叶角度,且扇叶的固定螺钉应有防松装置,吊杆与电机之间、螺纹连接的啮合长度不得小于 20mm,并必须有防松装置。

(5) 检查吊扇接线是否正确,确认无误后通电运行,运转时扇叶不应有明显颤动。

3.4.2.10 灯具、插座安装注意事项

(1) 灯具安装前,应先通电检查完好后再进行安装。

(2) 插座的接线必须符合前面插座安装的要求。

(3) 同一场所的三相插座,其接线的相位必须一致。

(4) 为保证开关、插座安装美观,高度差应符合前面的要求。

3.4.2.11 照明线路及开关与安全

（1）照明插座和开关离地高度应不小于1.5m为宜。

（2）照明线路的开关应能同时切断相线和零线。只有在危险性较小的场所，才允许用单极开关，而且单极开关必须接在相线上。

（3）照明开关应有明显的开、合位置；相邻开关或插座相、零线的配置及开、合位置都应当一致。

（4）不同电压等级的插座应有明显标志，以免弄错。

（5）照明线路熔丝的额定电流一般不应超过15A，对于工业厂房，可以放宽至20A。

3.4.2.12 车间照明装置与安全

车间照明装置一般应采取保护接零（或接地）措施，明线敷设时，可利用导线将照明器外壳上的接地端钮与距照明最近的固体支架上的工作零线相连，但不能将照明器的外壳与支线部分的工作零线相连。穿管敷设时，如果接零支线没有断开的可能，允许用工作零线兼作保护零线。

3.4.2.13 局部照明与安全

局部照明采用36kV或12kV电压，由双线圈变压器供给。双线圈变压器的一次线圈和二次线圈没有电的连接，工作人员可免受一次电压的威胁。在中性点接地系统中，为了防止漏电，其外壳应当接零。

为了防止高压串入低压，可将一次线圈和二次线圈分别装在两个铁芯柱上，或者在两个线圈中间加隔离层，并将变压器的铁芯线隔离接零。变压器的二次线圈也可以接零。为防止短路，变压器一次绕组和二次绕组均应装设熔断器。

机床局部照明的双线圈变压器可以从分支线路上引下电源。如果动力线路熔丝额定电流不超过25A，允许不另装熔断器。变压器一次绕组应采用有护套的三芯软线，长度一般不应超过2m。对于移动范围不大的局部照明，一次绕组采用0.75mm² 以上的软铜线，对于大范围移动的电灯，二次绕组也应该采用有护套的软线。行灯应有完整的保护网，应有耐热、耐湿的绝缘手柄。不可用其他灯具代替行灯。

3.4.2.14 事故照明与安全

当事故照明采用直流供电时，因直流电源一般还要同时供给控制线路用电，不允许接地，所以，在中性点接地的系统中，直流电源应从不接地的工作零线部分引进事故照明装置。

3.5 移动式设备与安全

携带式设备包括携带式电动工具等小型设备。携带式设备在使用中需要经常移动，振动也往往较大，比较容易发生碰壳事故，这类设备往往又是在工作人员紧握之下进行的，而且其电源线的绝缘也容易由于拉、磨或其他机械原因而遭到破坏。因此，这类设备有更大的触电危险，必须采取完善的安全措施。

3.5.1 接零或接地措施

接零或接地是携带型设备的主要措施之一，携带式或移动式单相设备的零线（或地线）不宜单独敷设，而应当和电源线采取同样的防护措施。最好采用带有接零（地）芯线的橡皮套软线（橡皮电缆）作电源线，其专用芯线用做接零（地）线。保护接零和地线均应采取截面为 $0.75\sim 1.5\mathrm{mm}^2$ 的铜线。

携带式或移动式单相设备的电源插座和插销应有专用的接零（地）插孔和插头。其结构应能保证插入时接零（地）插头在导电插头之前接通，拔出时接零（地）插头在导电插头之后拔出，同时，其结构还应保证接零（地）插头往往做得大一些。凡是接零（地）要求者，不得使用两孔插座。

在公共场所及生活室内，如地板由木材或其他绝缘材料制成，其触电危险性较小，采取接零（或接地）会将大地电位引入室内，增加触电的危险，因此，不应采取接零（或接地）措施。这时，零线必须采取与相线相同的绝缘线。这类场所的单相线路往往分布很广，相、零线容易弄错；同时考虑到要有利于切除短路和过载事故，减轻火灾的危险，相线和零线上都应装设熔断器。

3.5.2 安全电压措施

在特别危险的场合，可采用安全电压的单相携带式措施。安全电压也应由双线圈变压器供给，由于安全电压单相设备要求装设一套降压设备，又因为电气设备（特别是动力设备）材料消耗随着额定电压的降低而增加，所以这种设备是不经济的。但是，在某些特定的场合，采用安全电压单相设备是一种可靠的安全措施。

3.5.3 隔离变压器措施

鉴于不接地电网中单相触电的危险性小于接地电网中单相触电的危险性，在接地电网中可以装设一台隔离变压器，并由该隔离变压器给单相设备供电，如图3.23所示。隔离变压器的变压比是1:1，即一次绕组、二次绕组电压是相等的，隔离变压器二次线圈与一次线圈、与变压器外壳、与大地均保持良好的绝缘。因此，单相设备配用隔离变压

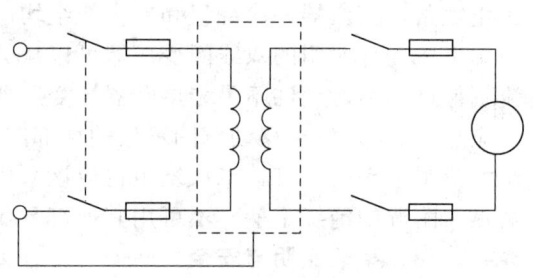

图 3.23 电气隔离变压器接线

器之后，不存在电压配合问题，可以直接接用；与没有隔离变压器不同的只是转变为单相设备在不接地电网中运行，从而减轻了触电的危险。

为了防止隔离变压器本身漏电造成事故，变压器外壳应当接零。变压器二次绕组不应接零或接地；否则，会破坏二次绕组不接地的运行方式。

3.5.4 双重绝缘措施

带有双重绝缘结构的携带式电气设备是一种新型的、安全性能较高的电气设备。双重绝缘的基本结构如图3.24所示。双重绝缘指的是工作绝缘和保护绝缘。其中，工作绝缘是保证设备正常工作和防止触电的基本绝缘；保护绝缘是用来当工作绝缘损坏时，防止设备金属壳体带电的绝缘。

双重绝缘设备按其外部结构形式大体可分为全塑料壳型、半塑料壳型、金属壳内配置绝缘内衬或绝缘筋条型 3 种。

3.5.5 防护用具措施

采用绝缘鞋、绝缘手套、绝缘垫板等防护用具，使人与大地或人与单相设备的外壳（包括与其相连的金属导体）隔绝开来，这虽然不算先进的方法，但目前还是一种可行的安全措施。不过应当指出，为了防止机械伤害，使用手电钻是不允许戴线手套的。

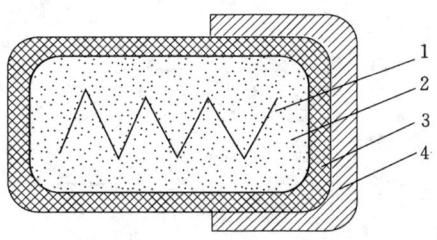

图 3.24 双重绝缘示意图
1—带电体；2—工作绝缘；
3—保护绝缘；4—金属壳体

指点迷津

除上述几项措施以外，对于携带式和移动式单相设备，要特别注意严格管理，正确使用，定期检查单相设备。其电源线都应保持完好，电源与设备之间防止拉脱线头的紧固装置也应保持完好。

温故知新

（1）使用携带式电气设备时应采取哪些安全措施？
（2）隔离变压器有何作用？采取隔离变压器时应注意哪些问题？

3.6 专用电气设备与安全

3.6.1 交流电焊机与安全

交流电焊机的主要组成部分是电焊变压器。这种变压器二次绕组具有低电压、大电流的特点。变压器二次绕组的空载电压一般为 60~75V，当焊钳与工件之间产生电弧时，二次回路流过数十至数百安的电流，使焊钳与工件之间的工作电压维持在 30V 左右。

从电弧焊的原理可以知道，电弧燃烧时，由于工作电压仅为 30V 左右，一般不会产生触电事故；而当电弧熄灭，特别是更换焊条时，焊钳与工件之间高达 70V 以上的电压，对人的威胁是比较大的。为了防止触电及其他事故，电焊工人应当戴帆布手套，穿胶底鞋。在金属容器中工作时，还应戴上头盔、护肘等防护用品。顺便指出，电焊工人的防护用品应能防止烧伤和射线伤害。

在有高度触电危险的环境中进行电焊，为了避免触电事故，可以采用特殊结构的安全焊钳，使更换焊条在断电的情况下进行，还可以采用不同形式的熄弧自动断电装置。使用电焊机的安全要求如下。

（1）为了防止高压串入低压造成危害，交流电焊机二次绕组应当接零（或接地），但必须注意二次绕组接焊钳的一端是不许接零（或接地）的，以避免出现危险电流。

（2）电焊机的外壳应可靠接零（或接地），如图 3.25 所示。

（3）电焊机的电源线一般不应超过 5m，每台应设单独的开关，并有短路和漏电保护。

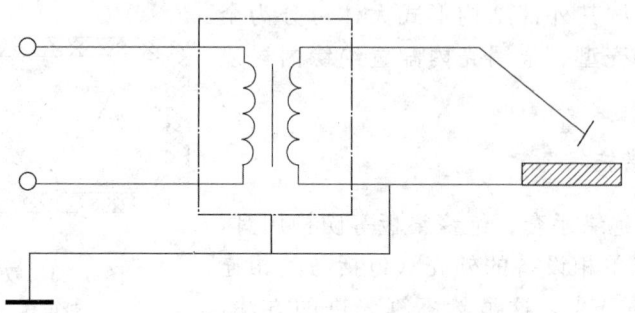

图 3.25　电焊机外壳的接地方式

(4) 电焊机的二次线一般不超过 30m，宜采用橡皮绝缘铜芯单芯软电缆。

(5) 电焊机线圈对外壳的热态绝缘电阻不小于 1MΩ。

为了避免有害的电流，焊接时最好把焊件与大地隔绝开来。此外，焊接时电弧温度高达 6000℃，要注意火灾的危险。

案例分析：焊点开焊高处坠落事故

1. 事故经过

某年 6 月 10 日上午，某锅炉安装公司的领工员裴某某（男、26 岁、起重工、全民制合同工）带领 3 名临时工在某电厂工程的共用泵房进行吊车梁的调直工作。该梁（自重 2.12t）在 5 天前已吊装就位，并临时用倒链悬吊。事故当天的 17 时 30 分左右，当裴某某与临时工张某某进行到 K-A 排②～③轴线控间靠③轴处悬梁对口作业时，因吊车梁两焊口未对正，裴、张二人则用撬棍找正，仍未对上。裴让张找一块铁板（80mm×80mm）。此时，非焊工的裴某某擅自将铁板用电焊焊在该梁的上端顶部，并让张到上方横梁上，准备移动梁上绳扣。近 17 时 50 分，裴站在距地面 10.04m 的吊车梁上，在未设安全绳的情况下，错误地将安全带挂在倒链与钢丝绳扣连接处，然后开始松倒链。突然，由裴焊接的铁板焊点开焊，铁板崩飞，钢丝绳拉断，钢梁下沉，使裴某某从高处坠落，头部撞到竖在离地面高约 2m 的电缆管上，又反弹到地面的水泥台角处，导致安全帽撞裂，脑部受伤，经医院抢救无效死亡。

2. 事故原因分析

这起事故是集多种违章操作于一身的人为责任事故。

(1) 非焊工施焊且焊位不当，焊点不牢。悬吊梁调直过程中临时采用一块小铁板，仅焊几点且又采取平面焊接，铁板受力过大焊点脱开，致使上方悬挂倒链的钢丝绳扣被拉断，是这起事故的主要原因。

(2) 在使用钢丝绳扣悬挂倒链时，钢丝绳与钢梁间没有包角，导致钢丝绳在突然受力的情况下，被横梁翼缘切断，是事故发生的直接原因。

(3) 在安全绳长度不够，别人劝阻无效时，受害人盲目作业，并将安全带不是挂在周围的固定结构上，而是随意地挂在了已受力的索具上，酿成了这起伤亡事故。

3. 事故防范对策

(1) 血的教训再一次提醒我们，安全形势异常严峻。各级安全第一责任者和安监人员,切不可掉以轻心,麻痹大意。7—9这3个月的事故高峰期已经临近,要时刻关注,警钟长鸣,监督到位,要变他人的事故为我们的教训,以唤起警觉。

(2)重申对未成立独立的安监机构或安监人员不得力的各多经公司,要按照规定要求加以落实,并明确责任,对置若罔闻、我行我素的单位,将严肃追究有关人员的责任并加重处罚。

(3)对施工前所编制的作业指导书,尤其是安全措施要严密具体,安全技术交底要做到交代到人到位,绝不可遗漏每一位参加作业的人员,并在施工中逐条逐项加以落实,实行动态监督。

(4)对特种作业人员要定期培训,不许无证作业和从事非本工种作业。高处作业时安全带的使用应按安全规范要求每隔6个月定期进行一次静荷重试验,并做到施工中将安全带挂在结实牢固的构件上。吊装作业所用的钢丝绳、卡环、链条葫芦等起重工具要经常检查,确保安全可靠。吊装机械的制动和安全装置要齐全灵敏,做到有备无患、万无一失。

3.6.2 直流设备与安全

在电化学加工及一些要求较高的电力拖动和控制系统中,经常用到直流设备。直流设备比交流设备有更好的运行性能,而且便于控制,从触电角度看,直流设备也安全得多。但直流电得来不易,不便输送;而且直流设备的结构复杂,价格昂贵。因此,直流设备远不如交流设备应用普遍。

由于直流的电解作用,金属部分容易遭到侵蚀。因此,直流接地装置不应利用自然接地体,也不能利用自然导体作为直流零线或接地线。直流接地装置最好与自然接地体采取隔离或绝缘措施。

直流设备的接地体应采用尺寸较大的材料,所用材料厚度不应小于5mm。如果侵蚀很严重,可以采用有铝条保护的接地体。

如果直流设备不多,最好采用对地绝缘系统,并采取保护接地措施。大电流的直流设备(如大型电解槽),也不宜采用接地系统。

采用接地系统的直流设备,同交流一样,应装设短路保护装置,以便及时切断可能发生的碰壳故障。

直流电弧比交流电弧难熄灭,其危险作用较大。选用直流线路上的开关时,应考虑较大的容量,而且应当加强对直流开关的维修。

此外,对直流设备进行维护之前,应当注意放电。除用固定装置放电外,最好还要用携带式放电装置在接近时先行放电。

3.6.3 桥式起重机与安全

在车间内部,桥式起重机应用最为广泛。其工作条件不同于一般设备,安全问题更加突出。电力方面也存在着一些不安全因素。例如,天车上有很多裸线;工作人员周围几乎全是钢铁;电气设备工作繁重,绝缘容易老化;电气设备的绝缘容易受到振动、蒸汽、粉尘的作用而遭到破坏;驾驶和检修都在高空作业等。因此,要特别注意防止天车上的电气事故及其他事故。

从安全角度考虑，对于起重机线路应注意以下几点：

（1）起重机上有很多滑线，滑线应有足够的高度，离地面高度不得低于3.5m，若有车辆行驶，应不低于6m。滑线与一般设备之间应保持1.5m的距离；与乙炔管道、煤气管道之间应保持3m距离；与氧气管道之间应保持1.5m的距离；与一般管道之间应保持1m距离。电源滑线最好装设在远离驾驶室的一边。对可能触及的滑线应加适当的遮栏。滑线要尽量避免接头。对接时，接头处应光滑，并保证有足够的机械强度。滑线若经过伸缩缝，应当用软铜线加以跨接。滑线应平直、光滑而无锈蚀。与滑线滑动接触的集电器要有足够的压力，以保持接触良好。

（2）户外起重机配线一律用管配线，而且同一管内只能穿设一台电动机回路的导线。户外宜采用保护式配线，无损害（包括振动）的地方可采用明敷的绝缘线。

（3）照明电源应接至动力总闸前面，照明线路与电动机等动力设备的线路分开，一边起重机部分停止工作时，照明部分仍能保持正常供电。还应注意，低压照明线路应分别穿管敷设。

（4）起重机线路的导线应采用500V的绝缘铜线，截面不宜小于$1.5 \sim 2.5 mm^2$。

（5）为保证检修安全，修理用照明插座的电源电压不应高于安全电压。

（6）保护零线（或接地）仍然是起重机上的重要安全措施。凡正常时不带电的金属部分均应有可靠零线（或接地）。可通过起重机轨道与零线（或接地）连接。应注意，轨道端都必须与零线（或接地）连接起来。

温故知新

（1）使用交流电焊机的安全要求有哪些？

（2）直流设备应如何进行接地连接？

（3）对于起重机上的滑线有何安全要求？

3.7 电气线路的安全技术

电气线路包括高、低压架空线路，进户装置电缆线路，室内低压配线，二次回路等。只有符合了这些线路安全的接线才是合格的线路。

3.7.1 架空线路

架空线路由导线、绝缘子、横担、抱箍、拉线和电杆等组成。其中，导线是架空线路的基本组成部分，正确选择导线截面对保证供电系统安全、可靠、经济、合理地运行有着重要意义。

导线截面的选择应满足下述要求：

（1）发热条件。导线在通过最大连续负荷电流时，工作温度不应超过允许值，不致因过热而损坏绝缘，造成短路失火等事故。

（2）电压损失。导线在通过最大连续负荷电流时产生的电压损失不应超过其允许值。

（3）机械强度。为了避免在刮风、结冰或施工时导线被拉断而引起停电或触电事故的发生，导线截面不应小于规定的最小允许值。

3.7 电气线路的安全技术

3.7.2 进户装置

进户装置由进户杆、接户线、绝缘子、进户管（高压线为穿墙套管）等组成。对进户装置的安全要求如下：

（1）高压接户杆上应装设跌落式熔断器作为进线段的保护，也便于停电检修；高压接户线的档距不应大于30m；接户线在引入口处对地面的距离不应小于4.5m（有遮栏和非通道处不小于3.5m）；接户线的线间距离不应小于0.6m（进户穿墙套管间中心距离不得小于350mm）。

（2）低压接户线的档距不宜大于25m，超过此档距时宜设进户杆。

（3）低压进户线的主要安全要求如下：

1）进户线需经瓷管、硬塑料管或钢管穿墙引入。穿墙保护管在户外一端（反口管）应稍低，端部弯头朝下，进户线做成防水弯，户外一端应保持有200mm的弛度。

2）进户线的安全载流量应满足计算负荷的需要。

3）进户线的最小截面积允许为：铜线1.5mm^2、铝线2.5mm^2。进户线不宜用软线，中间不可有接头。

案例分析——捡拾断落的接户线，老妪触电身亡

某日，胡老太太外出回家，发现自家的接户线断落在地面上，胡老太太用手去捡，手触碰到断线的带电部位，触电死亡。

防范措施：发现电线断落，无论带电与否，应与电线落地点保持8m以上的安全距离，并及时告知电工或拨打电话95598。

3.7.3 电缆线路

一根或数根导线绞合而成的芯线，裹以相应的绝缘层，外面再包上密闭的包皮（铅、铝、塑料等）和保护层，这种线称为电缆。按导电芯的材料不同，电缆有铜芯电缆和铝芯电缆之分。按芯数不同，又有单芯、双芯、三芯及四芯等之分。

1. 电缆的选择使用

（1）电缆的品种很多，要根据用途和使用环境来选择。

（2）电缆截面的选择原则与架空线相同。

2. 电缆的敷设方式

电缆的敷设方式由环境决定，有明设和暗设之分。明设用于对敷设没有特别要求的电缆，直接把电缆敷设在固定的线槽里即可。暗设电缆有用电缆隧道或电缆沟敷设的，也有直接埋在地下的。敷设时，必须满足设计和技术规程的要求，要使敷设路径最短，转弯少，尽量避免与各种管道交叉，使之不受外界因素的影响。

3.7.4 室内低压布线

室内低压布线分为明配线和暗配线。在比较干燥的环境或对装饰要求不高的场所，可选用明配线敷设；在有腐蚀性介质、特别潮湿以及有火灾、爆炸危险的场所应采用暗配线敷设；在易燃物做的顶棚内，禁止敷设导线。

工厂车间或各种建筑物内部的户内配电线可采用绝缘导线、裸导线（或硬母线）或电缆。

布线的要求是运行安全、工作可靠、造价低廉、操作方便、外表美观、符合技术规程要求。具体敷设方式有木槽板布线、瓷夹（塑料夹）布线、瓷柱布线、瓷瓶布线、钢管（或塑料管）布线、钢索布线、滑触线及硬母线的敷设。

温故知新

（1）电气线路的安全技术包括哪些方面？

（2）进户装置安装时有哪些安全注意事项？

（3）工厂车间户内配电线布线有何要求？

第4章　雷电、静电及电磁场与安全技术

4.1　雷电与安全技术

4.1.1　雷电及危害

1. 雷电放电

当空气中的电场强度达到一定程度时，在两块带异号电荷的雷云之间或雷云与地之间的空气绝缘就被击穿而剧烈放电，出现耀眼的电光，同时，强大的放电电流所产生的高温，使周围的空气或其他介质发生猛烈膨胀，发出震耳欲聋的响声，称为雷电。

雷云与地面间的空气绝缘被击穿而发生雷云对地的放电现象，就是落地雷。

若雷电并没有直击设备，而是发生在设备附近的两块雷云之间或雷云对地面的其他物体之间，由于电磁和静电感应的作用，也会在设备上产生很高的电压，这称为感应雷过电压。

由雷电引起的过电压叫做大气过电压或外部过电压；电力系统中内部操作或故障引起的过电压叫做内部过电压。

2. 雷电危害

雷电对设备和建筑物放电时，强大的雷电流也能在电流通道上产生大量的热量，使温度上升到数千度，在电气设备上产生过电压，对电气设备和建筑物造成巨大的破坏，对人身构成巨大的威胁。它的主要危害如下：

（1）电作用的破坏。雷击电力系统电气设备或输电线路时，产生的直击雷过电压幅值高，足以使其绝缘损坏，造成事故；感应过电压虽然其幅值有限，但也对设备和人身安全构成严重的威胁。

（2）热作用的破坏。雷电流流过电气设备、厂房及其他建筑物时，其热效应足以使可燃物迅速燃烧起火；当雷击易燃易爆物体，或雷电波入侵有易燃易爆物体的场所时，雷电放电产生的弧光与易燃易爆物接触，引起火灾和爆炸事故。

（3）机械作用的破坏。雷击建筑物时，雷电流流过物体内部，使物体及附近温度急剧上升，由于高温效应，物体中的气体和物体本身剧烈膨胀，其中的水分和其组成物质迅速分解为气体，产生极大的机械力，加上静电排斥力的作用，将使建筑物造成严重劈裂，甚至爆炸变成碎屑。

（4）雷电放电的静电感应和电磁感应。雷云的先导放电阶段，虽然其放电时间较长，放电电流较小，也并没有击中建筑物和设备，但先导通道中布满了与雷云同极性的电荷，在其附近的建筑物和设备上感应出异号的束缚电荷，使建筑物和设备上的电位上升。这种

现象叫做雷电放电的静电感应。由静电感应产生的设备和建筑物的对地电压可以击穿数十厘米的空气间隙，这对一些存放易燃易爆物质的场所来说是危险的。另外，由于静电感应，附近的金属物之间也会产生火花放电，引起燃烧、爆炸。

当输电线路或电气设备附近落雷时，虽然没有造成直击，但雷电放电时，由于其周围电磁场的剧烈变化，在设备或导线上产生感应过电压，其值最大可达500kV。这对于电压等级较低、绝缘水平不高的设备或输电线路是非常危险的。在引入室内的电力线路或配电线路上一产生过电压，不仅会损坏设备，而且会造成人身伤亡事故。

（5）雷电对人身的伤害。人体若直接遭受雷击，其后果是不言而喻的。多数雷电伤人事故，是由于雷击后的过电压所产生的。过电压对人体伤害的形式，可分为冲击接触过电压对人体的伤害、冲击跨步过电压对人体的伤害及设备过电压对人体的反击3种。

（6）雷电侵入波。

1）雷击物体时，强大的雷电流沿着其接地体流入大地。雷电冲击电流向大地四周发散所形成的散流使接地点周围形成伞形分布的电位场，人在其中行走时两脚之间出现一定的电位差，即冲击跨步电压。

2）雷电流通过设备及其接地装置时产生冲击高压，人触及设备时手脚之间的电位差就是冲击接触电压。

3）反击伤害是指避雷针、架构、建筑物及设备等在遭受雷击，雷电流流过时产生很高的冲击电位，当人与其距离足够近时，对人体产生放电而使人体受到的伤害。

为了防止雷电对人身伤害事故的发生，《电业安全工作规程》规定，雷雨天气需要巡视室外高压设备时应穿绝缘靴，并不准靠近避雷器和避雷针。

4.1.2 防雷措施

（1）建筑物防雷措施。建筑物可利用基础内钢筋网作为接地体；可利用外缘柱内外侧两根主筋作为防雷引下线；应将45m以上外墙上的栏杆、门窗等较大的金属物与防雷装置连接以防侧击雷；建筑物上面可装设避雷针、避雷带、避雷网。

（2）架空线路防雷措施。装设避雷线；提高线路本身的绝缘水平；用三角形顶线做保护线；装设自动重合闸装置或自重合熔断器。

（3）变、配电所的防雷措施。装设避雷针，用来保护整个变、配电所建（构）筑物，使之免遭直击雷；高压侧装设阀型避雷器或保护间隙，主要用来保护主变压器。

低压侧装设阀型避雷器或保护间隙主要在多雷区使用，以防止雷电波由低压侧侵入而击穿变压器的绝缘。当变压器低压侧中性点不接地时，其中性点也应加装避雷器或保护间隙。

4.1.3 防雷装置

防雷装置主要有避雷针、避雷线、避雷网、避雷带及避雷器等。避雷针、避雷网、避雷带主要用于露天的变配电设备保护；避雷线主要用于保护电力线路及配电装置，避雷网、避雷带主要用于建筑物的保护。避雷器主要用于限制雷击产生过电压，保护电气设备的绝缘。

(1) 避雷针。避雷针的保护原理就其本质而言是"引雷"。当雷云接近地面时,避雷针利用在空中高于其被保护对象的有利地位,把雷电引向自身,将雷电流引入大地,而达到使被保护物"避雷"的目的。

避雷针由雷电接收器、接地引下线和接地体3部分组成。

(2) 避雷线。避雷线由架空地线、接地引下线和接地体组成。架空地线是悬挂在空中的接地导体,其作用和避雷针一样,对被保护物起屏蔽作用,将雷电流引向自身,通过引下线安全地泄入地下。因此,装设避雷线也是防止直击雷的主要措施之一。

(3) 避雷器。避雷器的作用是限制过电压幅值,保护电气设备的绝缘。避雷器与被保护设备并联,当系统中出现过电压时,避雷器在过电压作用下间隙击穿,将雷电流通过避雷器、接地装置引入大地,降低了入侵波的幅值和陡度;过电压之后,避雷器迅速截断在工频电压作用下的电弧电流(即工频续流),从而恢复正常。

现在所使用的避雷器主要有管型避雷器、阀型避雷器和氧化锌避雷器3种。阀型避雷器的地线应和变压器外壳、低压侧中性点,三点接在一起共同接地。

4.1.4 雷电电击人身防护

4.1.4.1 田野农耕时防雷

(1) 防止发生直接雷击。

耕地地处旷野,非常开阔,农民在田地里耕作时相对形成了其中的"突出物",确实非常容易遭受直接雷击,直接雷击又可能有雷雨时尽可能抓紧时间回家,不要贪活;家离田地较远时,每次去田里耕作都要带上雨具,但要带雨衣,而不是带伞,并在雷雨到来时穿上雨衣,坐在地里,尽可能伏低身体;打雷时要扔掉手中的农具,不要扛在肩上,更不要举起来;打雷时要把身上的金属性物质(如表或钥匙等)放在一边,不要带在身上。

(2) 防止旁侧闪络。

旁侧闪络也常是致命的。为了避免旁侧闪络的发生,在打雷时一定不要在树下避雨,也不要沿农田防护带在树下跑;避雨时,不要停留在金属性农机具(如铁犁、小农机等)附近;在农田中的铁质棚顶的低矮窝棚里,有的站着,头离棚顶很近,这样就容易发生旁侧闪络及群伤事故。

(3) 防止接触电压和跨步电压的伤害。

雷击时,接触电压和跨步电压的伤害一般不会致命。为了防止受伤害,可以坐在田里,两脚并拢,不要扶着较高的物体站着等。

4.1.4.2 雷雨季节野外施工时防雷

电力线路通过山区和丘陵地区时,地势起伏大,地形复杂。电力线路不但在运行中会遭受雷击,造成变配电设备的损坏和人身伤亡,就是正在施工中的电线路,在雷雨季节也有遭受雷击的情况发生。因此,应采取必要的措施,避免或减轻危害。

(1) 在雷雨季节进行线路施工时,应与当地气象部门密切联系。如在线路经过地区可能有雷阵雨时,一般不要施工;否则应在施工区域装设临时接地装置。

(2) 在施工线路的起始点,将三相导线短路,然后可靠接地。施工完毕通电前,才拆除接地线。

(3) 已施工完毕,但线路还未投入运行、避雷器又没投入工作时,应将线路短路后接地。

(4) 做好交叉跨越处的防雷措施,如将混凝土电杆接地或装保护间隙、避雷器等。

(5) 在人力放线、紧线时,应让多余的导线与大地可靠接触。

(6) 在大跨越、转角杆上作业时,因工作时间较长,为安全起见,最好将三相导线短路,并用导线与拉线的拉线棒可靠连接(因拉线棒一般埋深2~3m,可作为辅助的接地线),完工后再拆除。

4.1.4.3 雷雨时值班电工要暂停露天巡视

由于变配电所周围常架设高大的避雷针,避雷针上有接地引下线与地下的接地极相连接。雷雨天若避雷针万一落雷时,该避雷针接地极周围的相当范围内便会形成一个电位分布区,且其电位通常很高。这种情况下若值班人员进行露天设备巡视,两脚之间将会受到危险的跨步电压作用而引起触电。所以雷雨时,变配电所值班电工及有关人员均不宜露天进行设备巡视等作业,应等待雷雨过后再进行。

4.1.4.4 在室外遇到雷雨时防雷措施

雷暴时,雷云直接对人体放电、雷电流流入地下产生的对地电压及二次放电都可能对人造成电击,因此应注意安全。

(1) 雷暴时,除非必须工作外,应尽量少在户外或野外逗留;在户外或野外最好穿塑料等不浸水的雨衣或使用竹柄油布伞;如有条件,可进入宽大的金属构架或有防雷设施的建筑物、汽车或船只;如依靠建筑物屏蔽的通道或高大树木屏蔽的街道躲避,要注意离开墙壁和树干8m以上,尤其远离凸出处5m以外。

(2) 雷暴时,应尽量离开小山、小丘或隆起的小道,应尽量离开海滨、湖滨、河边、池旁、洼地,应尽量离开铁丝网、金属晒衣绳以及旗杆、烟囱、宝塔、孤独的树木附近,还应尽量离开没有防雷保护的小建筑物或其他设施。

(3) 在旷野中遇雷雨时,要寻找在屋顶上方稍有空间的房屋或金属车厢中躲避,注意一般的简易帐蓬或小棚没有什么防雷作用。不要携带金属工具、物品,如锄头、铝盆等,最好将头上金属饰品取下。如临时没有躲避的场所,应该单个蹲下,两脚合拢,尽可能站在不吸湿的材料上,不要站在高达单独的树木下,也不要在旷野的坡地上奔跑,以免步幅过大,引发跨步电压的危害。

(4) 避免靠近或接触高的金属物体或与其相连的金属物体,如栏杆、避雷引下线等。

(5) 不要在开阔的水面上游泳、划船,应尽快离开水面或稻田。

(6) 不要骑牛、马,不要在空野里骑车。

(7) 不要使用移动电话。

(8) 在行路道上遇雷雨时,如正走在马路上,应注意与高大的电线杆、塔或烟囱等物体保持2m以上的距离。骑自行车、摩托车、开机动车者应迅速离开。躲雨时切不可使淋湿的衣服靠近墙根。若在雷雨中感觉头、颈和手等处有蚂蚁爬行感时,这是即将遭受雷击的先兆,应迅速到建筑较低的坑洼或干涸的沟渠躲避,可用塑料布或雨衣铺地,人躺在上面或双脚并拢蹲下。

4.1 雷电与安全技术

4.1.4.5 室内防雷电危害人身的保护

室内防雷，包括雷电波侵入、球形闪电和感应雷。居民楼、办公楼的外部防雷特别重要，直接涉及楼体、楼内电器和人身安全。除已有的避雷网、避雷带、避雷针外，有条件的应在入户墙上（总进线）安装低压避雷器或放电间隙，将绝缘子铁脚接地等。将雷电消除在进楼之前，可减免许多电器的雷击事故。

（1）雷电波的防止。若外部线路、管路上落雷，巨大的雷电波便沿电线、信号线、各种金属管路侵入室内和电器。因此，雷雨时不要使用家用电器，也别拨打电话，并应拔下电器的电源插头，切断信号线（电线、电话线），确保电器安全。仅关断电器的电源开关是远远不够的。打雷时，也不要接触或靠近自来水管、煤气管道、统一供暖的管路，不要开阀用气或洗手，以防触雷。

在户内应注意雷电侵入波的危险，应离开照明线、电话线、广播线、电视天线以及与其相连的各种导体，以防止这些线路和导体对人体的二次放电。调查资料显示，户内70%以上对人体二次放电的事故发生在相距1m以内的场合，相距1.5m以上尚未发现死亡事故。由此可见，雷暴时人体最好离开可能传来雷电侵入波的线路及导体1.5m以上。

（2）感应雷的预防。若线路、管路中楼墙内钢筋上，有直击雷电波或感应雷电波（或高电位），其强大的电磁场会干扰、感应或损害近处的电视机、钟表、计算机甚至人体等。因此，室内各种金属管路和家用电器均应设接地装置进行可靠接地。家电的接地可在平时发生漏电时防止人身触电事故。计算机等敏感的弱电设备，还应采用电磁屏蔽措施，以防各种外来电磁场干扰或损伤机芯和机内信息。现在计算机和电话日益普及，数量增多，特别提醒用户注意两者的防雷。另外，为防感应电磁场或高电位伤害，雷雨时还不能触碰自己取暖的管片和铝合金门窗等金属物体。电器的接地线不能接到室内金属管上。管路或电器的接地线可以接到墙内钢筋上。最好单独引线至楼外直接入地。但不得与楼外部避雷装置的接地线相连，并应相互间隔离足够的安全绝缘距离。

（3）球形雷的预防。球形雷不同于线形或片形雷，其外观呈红光或白光的"火球"，也是雷云放电的产物。通过门窗、烟囱等入室，触碰到人和物就会猛烈爆炸。它大都由特殊的带电气体形成，直径一般为0.2~10m，滚动速度约2m/s。雷雨时若出现了球形雷，则它很可能会从门、窗或烟囱等通道入侵室内。为此，雷雨时必须迅速关好门窗，以防止可能出现的球形雷对人体、房屋及设备造成危害。

4.1.4.6 对遭受雷击伤害者的紧急处理

万一有人遭雷击后，切不可惊慌失措，应冷静而迅速地处置。雷电伤害最严重的情况是雷击在头顶，雷电流沿大脑、躯干和双腿流入大地，这样可能会导致人的呼吸停止和心脏停止跳动。雷击致死最普通的两个原因是呼吸停止或血液循环中断。除非受雷击者已有明显的死亡症状外，对于一般不省人事、处于昏迷状态或"假死"状态的伤害者，应进行正确积极的救护。具体救护方法，与一般触电者施行的急救方法相仿，且同样应注重及时、对症、正确、坚持诸要点，尽力抢救雷击伤害者的生命。

4.1.4.7 雷击电击防护注意事项

发电厂、变电站、输电线路等电力系统的电气设备及建筑物、构筑物等，都安装了尽可能完善的防雷保护，使雷电对电气设备及工作人员的威胁大大减小。根据雷电触电事故分析的经验，必须注意雷电电击的防护问题，以保证人身安全。

（1）雷雨时，发电厂变电站的工作人员应尽量避免接近容易遭到雷击的户外配电装置。在进行巡回检查时，应按规定的路线进行。在巡视高压屋外配电装置时，应穿绝缘鞋，并不得靠近避雷针和避雷器。

（2）雷电时，禁止在室外和室内的架空引入线上进行检修和试验工作，若正在做此类工作时，应立即停止，并撤离现场。

（3）雷电时，应禁止屋外高空检修、试验工作，禁止户外高空带电作业及等电位工作。

（4）对输配电线路的运行和维护人员，雷电时，严禁进行倒闸操作和更换熔断器的工作。

（5）雷雨时，非工作人员应尽量减少外出。如果外出工作遇到雷雨时，应停止高压线路上的工作，并就近暂避。躲避处如下：

1）有防雷设备的或有宽大金属架或宽大的建筑物等。

2）有金属顶盖和金属车身的汽车、封闭的金属容器等。

3）依靠建筑物屏蔽的街道，或有高大树木屏蔽的公路，但最好要离开墙壁和树干 8m 以外。

4）进入上述场所后，切不要紧靠墙壁、车身和树干。

（6）雷暴时，应尽量不到或离开下列场所和设施：

1）小丘、小山、沿河小道。

2）河、湖、海滨和游泳池。

3）孤立突出的树木、旗杆、宝塔、烟囱和铁丝网等处。

4）输电线路铁塔，装有避雷针和避雷线的木杆等处。

5）没有保护装置的车棚、牲畜棚和帐篷等小建筑物和没有接地装置的金属顶凉亭。

6）帆布篷的吉普车，非金属顶或敞篷的汽车和马车。

（7）在旷野中遇着雷暴时，应注意以下几点：

1）铁锹、长工具、步枪等不要扛在肩上，要用手提着。

2）不要将有金属的伞撑开打着，要提着。

3）人多时不要挤在一起，要尽量分散隐蔽。

4）遇球雷（滚动的火球）时，切记不要跑动，以免球雷顺着气流追赶。

（8）雷暴时室内人员应注意尽量远离电灯线、电话线、有线广播线、收音机一类的电源线、电视天线和电视机天线等。

4.2　静电安全

4.2.1　静电的产生

在日常生活或生产过程中，人们往往会发现一种现象，即经过摩擦的物体具有吸引轻微物体的性质，这就是静电现象的一种表现。试验表明，自然界中存在着正、负两种性质不同的电荷,它们具有同种电荷相互排斥、异种电荷相互吸引的特性。把带有其中某种静电荷的物体称为"带电体"。它可以是导体,也可以是绝缘体。静电现象就是这样的带电体表现出来的物理现象。它的产生原因如下。

4.2.1.1 产生静电的内因

能否产生静电,取决于相互接触的两种物质的逸出功是否相同;能否积累静电,则决定于静电的消散条件。

众所周知,物质由分子组成,分子由原子组成。平时原子核的正电荷数与核外电子的负电荷数相等,不显电性,如果电子要离开原来物质表面,就必须克服原物质中的原子对它的束缚力而做功,这个功就叫"逸出功"。当两种物质紧密接触后(相距小不 25×10^{-8} cm)再分离时,由于不同的物质逸出功一般也不同,一些电子就会从其中一种物质转移到另一种物质中去。这样,失去电子的物质就会带正电,得到多余电子的物质则带负电,这样就产生了静电带电现象。摩擦能使两种物质紧密接触的面积增加,并不断接触与分离,所以能产生较多静电荷。此外,材料的断裂、撕裂等都会产生静电。可见,所有物质,无论是金属还是非金属,无论是固体、液体还是气体,在一定条件下都可能发生电子转移而产生静电。而且两种接触物分开后,一种物质带正电,另一种就必然带负电。不同物质,按照得失电子的难易,可排列成静电带电序列。例如:

(+)石棉—玻璃—云母—羊毛—猫皮—铅—丝绸—铝—纸—棉纱—封蜡—硬质橡胶—黄铜—硫—天然橡胶(—)。

(+)锦纶—羊毛—蚕丝—粘胶丝—棉—涤纶(—)。

在每一序列中,排在前面的物质与排在后面的物质紧密接触或摩擦时,前者带正电,后者带负电。而且在序列中的位置相距越远,带电性越显著。

在实际生产过程中,由于物体表面有水分附着,或因粉尘沾污等原因,都可能引起物体表面状态的改变而出现相反的现象,使用静电序列时应引起注意。

静电产生后能否保持和积累,取决于物体本身电阻率的大小,以及对地电阻的大小,即取决于消散条件。一般说来,物体电阻率越高,对地电阻越大,带电后就越不易消散。

值得注意的是,静电范围内电阻率分类方法与动电不同。动电范围的导体电阻率为 $10.2\sim10.6\Omega\cdot cm$,($1\Omega\cdot cm=10^4\Omega\cdot mm^2/m$),绝缘体为 $10^{10}\Omega\cdot cm$ 以上,介于两者间的是半导体。但从防止静电灾害的角度看,物质电阻率在 $10^6\sim10^8\Omega\cdot cm$ 者,即使产生了静电荷,也可瞬间消散,不至于引起危害,可称之为静电导体;电阻率在 $10^8\sim10^{10}\Omega\cdot cm$ 者通常所生的静电量不大;$10^{11}\sim10^{15}\Omega\cdot cm$ 者易带静电,这是静电安全研究工作重点。至于电阻率大于 $10^5\Omega\cdot cm$ 者,则不易形成静电,但一旦产生了静电,就难以泄漏。电阻率在 $10^8\Omega\cdot cm$ 以上的物质可称为静电绝缘体。

一般配方的橡胶、塑料、尼龙、汽油、煤油、苯、乙醚等液、固体,其电阻率在 $10^{11}\sim10^{15}\Omega\cdot cm$,容易积累静电;而原油、重油等电阻率低于 $10^{10}\Omega\cdot cm$ 的物质,只要接地良好,一般没有带电问题。水是良导体,但当少量水夹在油中,因为水滴和油品相对流动时会产生静电,反会使油品的静电积累增多。另外,与绝缘的导体(如人体、金属物等),因为电荷不易泄漏,容易发生电荷积累,同样会带静电。

4.2.1.2 产生静电的外因

产生静电的外因概括起来有 4 种方式。

(1) 紧密接触、迅速分离。在工业生产中，剥离、撕裂、撞击、粉碎、筛选、滚压、搅拌、喷涂、过滤等工序都具备这个静电起电条件。

(2) 附着带电。某种带电粒子或带电粉尘等附着到对地绝缘的物体上，就能使物体带电或改变其带电状况。

(3) 感应起电。一个原来不带电的电导体，如果接近一个带电体，则导体上就会感应出电荷，如图 4.1 所示。

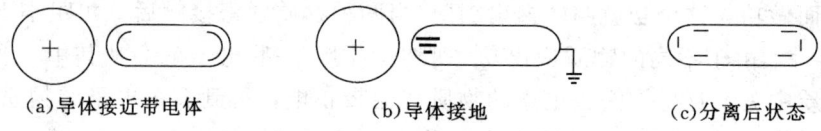

图 4.1　感应起电

(4) 极化起电。绝缘体接近带电体时，其内部或外表出现电荷的现象称为极化。在盛装带静电的物体时，绝缘容器的外壁具有带电性，就是这个原因。

以下生产工艺过程都比较容易产生静电：

1) 固体物质大面积的摩擦，如纸张与辊轴摩擦、橡胶或塑料碾炼、传动带与带轮或辊轴摩擦等；固体物质在压力下接触而后分离，如塑料压制、上光等；固体物质在挤出、过滤时与管道、过滤器等发生摩擦，如塑料的挤出、赛璐珞的过滤等。

2) 高电阻率的液体在管道中流动且流速超过 1m/s 时；液体喷出管口时；液体注入容器发生冲击、冲刷或飞溅时等。

3) 液体气体或压缩气体在管道中流动和由管口喷出时，如从气瓶放出压缩气体、喷漆等。

4) 固体物质的粉碎、研磨过程，悬浮粉粉尘的高速运动等。

5) 在混合器中搅拌各种高电阻物质，如纺织品的涂胶过程等。

产生静电荷的多少与生产物料的性质和量料、摩擦力大小和摩擦面积、液体和气体的分离或喷射强度、粉体粒度等因素有关。

4.2.2　静电的危害

静电的许多优点可以利用，如静电喷漆、静电除尘、静电织绒、静电复印等就是应用静电的例子。但静电也会带来危害，当带有两种不同电荷的带电体互相接近或接触时，会发生放电，使正负电荷抵消而失去带电性。这一过程称为电荷的"中和"。带电电位不同的两个物体接近时，也会发生放电现象。上述放电过程都往往会产生火花，引起事故和灾害。在某些场合，异种电荷的相互吸引，也会影响产品质量和生产。在工业生产中，静电的危害主要有 3 个方面。

(1) 发生爆炸或引起火灾。当周围空间存在可燃、易燃性混合物，并且其浓度在爆炸极限范围内时，如此时发生静电放电，而放电能量又不小于混合物的最小着火能量，则可能引起爆炸或火灾事故。

4.2 静 电 安 全

（2）电击。如果静电放电在人体与其他物体间发生，人体就会遭电击，静电电击虽不至于直接致命，但会影响身心健康，而且由此引起的刺激和恐慌很可能导致坠落、触电、碰伤等二次事故的发生。

（3）妨碍生产。生产过程中，静电会影响生产，降低产品质量和合格率。例如，静电会使粉尘吸附于设备，使纤维缠结，使纸张粘连，可能击穿损坏电子元件，放电火花还会影响电子设备的正常运行等。

案例分析 1：

2004 年 1 月，一摩托车驾驶员到加油站加油，把车停在计量机旁边，关闭发动机，用发动机钥匙打开油箱盖等着加油。加油站工作人员将合成树脂材料的油箱盖放在旁边的水泥防护台上，没戴手套，直接用手握住喷枪手柄，把喷枪口接近摩托油箱的加油口，开始加油的时候，突然从油箱加油口处冒出火苗。

案例分析 2：

2007 年 7 月 17 日，美国堪萨斯州巴顿溶剂厂发生了爆炸，并引发了大火，大火摧毁了整个油库，火灾中有 40 多个规格为 3000～20000gal（1gal≈3.79dm^3）的储油罐被点燃，事故造成 11 名居民和消防员受伤，巴顿溶剂厂停产。爆炸将储油罐罐顶抛向空中，炸飞 130ft（1ft＝0.3048m）远，片刻，又破坏了两个储油罐，导致这两个罐中成分泄漏。随着火势蔓延，附近储罐中的成分被释放和点燃，一些碎片四溅并击中一个移动房屋和邻近的商店。事故造成 6000 居民被疏散。爆炸产生的浓烟飘散到空中超过 200ft，数公里外都能看到。

据分析，这起事故的发生是由于静电火花引起的，静电的产生主要是由于石脑油在经过管线、泵时产生静电，同时，油品在从油罐车中用泵抽取液体到储罐内的过程中，由于有空气进入，产生泡沫和紊流，加剧了油品静电的产生。

4.2.3 防止静电灾害的措施

防止静电灾害的原则有两条：一是尽量使生产过程中少产生、少积累静电荷；二是产生静电后应采取各种有效措施，使静电值控制在安全界限以内。具体措施可分为以下 3 种方法。

4.2.3.1 泄漏法

泄漏法是使带电体上的静电荷尽快通过各种途径泄漏消散，使其控制在允许值以内的方法，包括下列几个方面：

（1）静电接地。这是消除静电危害最简单、常用的方法。国标《橡胶工业静电安全规程》（GB 4655—84）规定，"静电场中的导体必须与大地作可靠的连接，不得出现对地绝缘的孤立导体。其总接地电阻在任何情况下应小于 $10^6 \Omega$。为此，可与其他接地系统共用"（因为根据计算，接地电阻达 $10^6 \Omega$ 时足以使带电导体上的静电荷在 0.012s 内泄漏掉一半以上，即能保证静电安全）。但要注意，对电话、电解等直流系统的工作接地、一级防雷的防雷接地，因要求接地系统独立，故不能与之共用。另外，接地只能消除带电导体上的电荷，对于非导体上的静电荷是不能完全导走。而且带有静电的绝缘体如经导体直接接地，则由于静电感应，反而会增加产生放电火花的可能性，此时，宜在绝缘体与大地间保

持 $10^6 \sim 10^9 \Omega$ 的电阻或辅以其他措施。

在有火灾和爆炸危险的场所，为了避免静电火花造成事故，应采用下列接地措施。

1) 凡用来加工、储存、运输各种易燃液体、气体和粉体易燃品的设备、储存池、储气缸以及产品输送设备、封闭的运输装置、排注设备、混合器、过滤器、干燥器、升华器、吸附器等都必须接地。如果袋形过滤器由纺织器或尖似物品制成，建议用金属丝穿缝并予以接地。

2) 厂区及车间的氧气、乙炔等金属管道必须连接成一个连续的整体并接地。其他所有能产生静电的管道和设备，如空压机、通风装置和管道，都必须连接成整体并接地。非金属管道应在管内或管外绕以金属丝并接地。

3) 注油漏斗、浮动缸顶、工作站台等辅助设备或工具均应接地。

4) 汽车油槽车行驶时，应带金属链条，链的一端和油槽车底盘相连，另一端与大地接触。

5) 某些危险性较大的场所，为了使转轴可靠接地，可采用导电性润滑油或采用滑环、炭刷接地。

（2）增加空气相对湿度。其主要作用在于降低静电绝缘体的绝缘性，同时还能够提高爆炸性混合物的最小着火能量，有利于安全生产。单纯从消除静电的角度考虑，取相对湿度为70%左右为宜。但要注意，这种方法只宜用于亲水性绝缘材料，而对于非亲水性材料如纯涤纶、聚四氟乙烯、聚氯乙烯等，增湿也是无效的。

（3）加抗静电添加剂。其主要作用是能使非导体材料的电阻率降低，便于加速静电荷泄漏。目前常用的抗静电添加剂有：用于橡胶工业的炭黑；用于纤维纺织业的季铵盐型阳离子抗静电油剂 SN 等。

（4）静置时间。对于经过管道输送入容器或储罐的可燃性液体带静电后，仅靠接地装置还不能有效防止静电灾害，还应静置一定时间，使静电荷逐渐通过器壁或接地装置泄漏入地。液体电阻率越高、盛装容积越大，静置时间应越长。

4.2.3.2 中和法

中和法是通过使带电体周围空气电离的途径，产生出消除静电所必需的正、负离子，带电体因吸引与其极性相反的离子而发生静电中和，从而达到消除静电的目的，用来使空气电离的设备或装置就是静电消除器。它有以下 4 种类型。

（1）感应式静电消除器。它由一连串接地的放电针及支架等组成，依靠电体本身电场的能量使放电针产生电晕放电，使周围空气电离。其特点是简单、经济、易于维护，但消除静电不够彻底，只适用于要求不高的场合。

（2）高压电晕放电式静电消除器。它利用高压电源（一般是 6~10kV）在放电针尖端附近造成电晕放电，使空气电离。它分直流高压型和交流高压型两种。其特点是消除静电较彻底，但结构和维护较复杂，作用范围也较小。因带有高压电源，所以安全性较差。它适用于带电电位较低、要求消除静电较彻底而又无易燃易爆物的场合。

（3）放射性同位素式静电消除器。它是利用放射性同位素使空气电离而消除静电的。其特点是结构简单，不需要电源，消除静电效果好，工作时不产生任何火花，但必须控制其放射线对人体的伤害和对物品的污染。它适用于有易燃易爆危险的场合。

(4) 离子流式静电消除器。它能将电离子的空气输送到较远的地方去，所以带有风机或使用压缩空气，因此造价高，结构复杂，运行费用高。但它作用范围大，消除静电效果好。适用于需要大范围或远距离消除静电的场所。

4.2.3.3 工艺控制法

这种方法从工艺流程、设备结构、材料选配、操作管理等方面均可采取控制静电产生的措施，使其不超过产生危害的界限。一些通用性措施介绍如下：

（1）利用静电序列表优选工艺配方和设备材质，使相互接触或摩擦的两种物质在序列表中位置靠近，以少产生静电。

（2）在有爆炸和火灾危险的场所，传动部分尽量使用金属齿轮，当需用带传动时，应采用防静电传动带。

（3）设备、管道无棱角，光滑平整，管径不突变。

（4）改进设备运行条件，尽量减少不必要的摩擦，通过综合试验，确定机台的操作速度。

（5）定期做好清扫工作，不使积灰、结垢或管道堵塞。

另外，在某些场合采用静电安全操作法，也是确保安全生产的简单易行方法。例如，橡胶工业中要求剥离胶皮动作要慢、要轻，这样不易产生火花放电。还有"并联电容操作法"等等。

另外，不可忽视人体带电产生的危害。当人们穿着绝缘性能好的鞋走动时，由于鞋底与地面的摩擦，人体与衣服及衣服间的摩擦，或者人体接触带电体、带电粉尘等原因，都会使人体或穿着物带静电，如不采取措施，就可能会因电荷的逐渐积累而使人体带电电位升高，发生人体对金属接地体等物的放电现象，使人遭受电击，甚至引起灾害。

防止人体带电的措施主要有以下两个方面：

（1）人体接地。就是始终保持人体与大地不绝缘，这样人体一旦带了静电，就可以马上泄漏入地。为此，在防静电要求较高的场合，工作地面应做成导电性地面，同时穿导电鞋、防静电鞋。袜子也应穿导电性袜，使人体始终保持静电接地。

（2）防止劳动保护用品带电。在需要防止人体带电的危险场所，要求穿防静电工作服或经抗静电剂定期处理的工作服。内衣应选用棉制品或经防静电处理过的衣服。在危险场所，不准穿一般化纤工作服，不准在现场穿、脱衣服。手套也必须用防静电的。必须使用橡胶手套时，也应使用导电橡胶手套。

4.3 电磁场与安全

电磁场以电磁波的形式向四周空间敷设。按照频率的不同，电磁场分为高频（含高频和特高频）和低频电磁场。从安全的角度考虑，高频电磁场比工频电磁场具有更加重要的意义。随着高频技术的应用和推广，高频电磁场对人体产生的不良影响也日益引起人们的重视。了解高频电磁场对人体的生理危害及影响，对于分析高频电磁场的危害性，考虑防止电磁场危害的安全措施都有十分重要的意义。

4.3.1 电磁场的基本概念

电场和磁场组成了电磁场。交流电磁场由互相联系的、变化着的电场和磁场组成。电场是由电荷产生的,存在于电荷周围。磁场具有质量、能量和动能,所以电磁场是一种客观存在的特殊物质,处在电磁场中的电荷会受到电磁场的作用。

电场是由运动着的电荷,即电流产生的,存在于运动电荷周围空间。磁场具有力和能量两种性质,因此,电磁场是物质的一种特殊形式。电场和磁场间有力的作用,所以,载流导体在电磁场中会受到力的作用而运动。电场和磁场二者是互相联系、同时存在的统一体,但由于运动形式不同,有时只能发现电场,有时只能发现磁场。例如,对观察者静止的孤立带电体,就只能发现其周围的电场;但该带电体中微观的带电离子是不停运动的。只是运动很不规则。它们生产的磁场在带电体表面互相抵消而不能对外显示而已。又如,对观察者静止的永久磁铁,只能发现其周围的磁场,其原因是磁铁中微观带电离子的正负电荷总量相等,其电场在外界互相抵消的缘故。

4.3.2 工频电磁场对人体的影响

1. 对中枢神经系统的影响

长期以来,关于220V、50Hz工频电磁场对中枢神经系统有无影响的问题,各国学者一直有着不同的看法。相对于手机、微波炉等家庭用电设备的高频电磁场,电力设施产生的磁场是极低频电磁场。国内外许多关于高压、超高压输电线和变电站的劳动卫生学调查报告指出,神经衰弱和记忆力减退是工频电磁场作业人员最常见的症状,但缺乏客观检查结果。目前认为工频电磁场对中枢神经的作用主要由电场引起,这一观点可在动物试验中得到佐证。

2. 与肿瘤发生的关系

许多调查发现,电磁场的职业暴露虽然可能增加肿瘤的发生风险,尤其是白血病、淋巴肿瘤和神经肿瘤,但这种风险并不高,没有统计学意义。但是应该指出,如果在生产环境中同时存在着其他较强的致癌因素,工频电磁场的这个作用就不容忽视了。

3. 对生殖的影响

统计表明,受孕早期使用电热毯与流产的发生率增高有关。但是孕中期使用电热毯的流产发生率减小。国外,Nordstrom等首次报道,对542名电厂工人进行回顾性调查发现,凡是父亲在高压调度室工作的,子女患先天性畸形的比例增高。由于例数较少,结论尚不肯定。

4.3.3 高频电磁场对人体的影响

高频电磁场对人体伤害主要通过两种方式:一种是直接辐射人体组织使之温度升高,直至高温痉挛致死;另一种是直接作用于神经-内分泌系统或细胞生物膜。症状表现为轻重不一的类神经症。

4.3.3.1 中、短波电磁场

在一定程度的中、短波电磁场辐射下,人体所受伤害主要是中枢神经系统功能失调。

表现为神经衰弱症，如头晕、头痛、乏力、记忆力减退、睡眠不好等症状；还表现为植物神经功能失调，如多汗、精神不振、心悸等症状。此外，有的人还有脱发、伸直手臂时手指轻微颤抖、皮肤划痕异常、视力减退等症状。

4.3.3.2 超短波和微波电磁场

在超短波和微波电磁场辐射下，除神经衰弱加重外，植物神经功能严重失调。主要表现为心血管系统症状比较明显，如心动过缓或过速、血压降低或升高、心悸、心区有压迫感和疼痛等。

4.3.3.3 超高压高强度工频电磁场

330kV 以上的超高压高强度工频电磁场有损人体健康，会使人产生疲倦、乏力、头痛睡眠不好、心肌疼痛等症状。

4.3.3.4 电磁场对人体伤害的因素

（1）电磁场强度。电磁场强度越高，人体吸收能量越多，伤害越严重。

（2）电磁波波形。在其他参数相同的情况下，脉冲波比连续波危害性大。

（3）电磁场照射时间。电磁波连续照射时间越长，或照射过程中间歇时间越短，积累照射时间越长，对人体伤害越重。

（4）人体被照射的面积和部位。人体被照射的面积越大，吸收的能量越多，伤害就越重。人体血管分布的部位传热能力差，所吸收能量转化的热量容易积累，伤害也越大。

（5）环境条件。温度和湿度太高，不利于机体散热，使人体伤害加重。

（6）人员的差异。所受伤害女性较男性重，儿童较成人重。

注意事项如下：

（1）电磁场对人体的作用主要是功能性的改变，具有可恢复特征，一般在脱离接触数周之内就可消失；但也有在高强度、长时间作用下的人不易恢复健康。

（2）高频电磁场还可能干扰通信、测量等电子设备的正常工作，甚至造成事故。还可能因感应产生高频火花，引起火灾或爆炸事故。

4.3.4 电磁场的防护措施

防止电磁场的危害主要是采取屏蔽措施，即根据现场特点，采用不同的结构和材料的屏蔽装置。还可以考虑改善高频设备的工艺结构和配置，以降低现场的电磁场强度。

4.3.4.1 采用屏蔽体

屏蔽是将电磁能量限制在规定的空间范围内的一种措施。完成这一限制任务的零部件组合成为屏蔽体。

屏蔽体一般做成板状或网状，可用铜、铝或铁质材料制成，必要时可采用双层屏蔽。如制成板状的，厚度为1mm即可满足要求；制成网状，则数目越大、金属丝越粗屏蔽效果越好。在生产工艺条件允许的情况下，应适当加大屏蔽体至场源之间的距离，这样既不影响高频设备的正常运行，又能增加屏蔽效果。屏蔽体的边角要圆滑，避免尖端效应。当在屏蔽体上开孔或开缝时，孔洞尺寸小于波长的 1/5，缝隙宽度应小于波长的 1/10。

在实现屏蔽有困难的场合，作业人员应穿戴特制的金属服、金属头盔和金属眼镜等。

4.3.4.2 采用高频接地

高频设备的外壳和屏蔽体均应接地,这两种接地总称为高频接地。

高频接地装置的接地线不宜太长,一般应限制在 1/4 波长之内。若无法达到,应避开波长 1/4 的奇数倍,这是为了防止在接地线上产生驻波而出现较高的电压;否则,既不利于人身安全,还可能干扰其他电子设备。高频接地线宜采用多股铜线或由多层铜皮制成的导线,以减小接地线的电感和其中的涡流损耗。

对于屏蔽接地,只宜在屏蔽体的一点与接地体相连,以防止有害的不平衡电流。高频接地体宜采用铜材,且宜竖埋。板形接地体面积取 $1.5\sim2\mathrm{mm}^2$ 即可。

对于电子设备类的高频设备,为防止干扰,其外壳和屏蔽装置也都需要接地。

指点迷津

随着高频电磁场被广泛利用,它对人们的危害也越来越严重,应尽可能地做好防护,减少它对人体的伤害。预防高频电磁场危害要遵循屏蔽、远距离和限时操作三原则。屏蔽材料多用薄铁板或铝合金,无导电性能对场源无屏蔽作用。凡是有器质性中枢神经系统疾病及精神症状者,不宜从事接触高频电磁场的工作。

温故知新

(1) 防雷装置主要有哪些?
(2) 防止静电灾害的措施有哪些?
(3) 电磁场的防护措施有哪些?

第5章　电气作业中危险点及预控

5.1　电气作业中危险点的特征及查找

安全来自预防，危险在于控制，事故发生在失控之中。危险点预控法就是引导职工对电力生产作业中的每项工作，根据作业内容、工作方法、作业环境、人员状况、设备实际等去分析，查找可能导致人为失误事故的危险因素，再依据规程制度，制定防范措施，并在生产现场实现程序化、规范化作业，以达到防止人为失误事故发生的目的。

5.1.1　危险点的定义和分类

5.1.1.1　危险点的定义

危险点就是指引发人为失误事故的潜伏点。电气作业中的危险点有以下3个方面。

（1）有可能造成人身伤害的作业环境中的危险点，如施工中特殊的地理环境、道路、交通、天气等。

（2）有可能造成人身伤害的设备（线路）等物体，包括作业中使用的生产工器具。

（3）作业人员在作业中因违反安全规程或习惯性违章等原因构成的危险点。

从危险点性质可将上面（1）、（2）两方面的危险点称为设备的固有危险点或静态危险点，第（3）方面的危险点称为行为危险点或动态危险点。

5.1.1.2　危险点分类

危险点从危险程度来讲有大有小，有重有轻，控制危险点也应有所侧重。根据危险程度可将危险点分为两类。

（1）直接类危险点，指直接可能导致误操作、误调度、误碰、误动设备事故及人身事故的危险点。

（2）间接类危险点，指通过第一类危险点起作用而可能构成事故的危险点。

对第一类危险点应重点实施预控。

5.1.2　危险点的特征

5.1.2.1　客观实在性

危险点存在于人们的意识之外，不以人的主观意识为转移。不论是否愿意承认它，它都实实在在存在。而一旦主观条件具备，如习惯性违章，它就会由潜在的危险转变为现实，从而引发事故。因此，在查找、分析危险点时，一定要从客观实际出发，确认危险点，进而研究和采取行之有效的安全措施加以防范。

5.1.2.2 潜在性

（1）危险点存在于即将开展的作业过程中，不容易被人们意识到或及时发觉，如感应电。

（2）存在于作业过程中的危险点虽然能明确地暴露出来，但没有转变为现实的危害，如高空落物。

（3）作业过程中违反安全规程制度的人的行为习惯隐蔽性强，可控性差。

5.1.2.3 复杂多变性

危险点的复杂多变性是由作业实际情况的复杂性决定的。如参加作业人员、作业的场合地点、使用的工具以至所采取的作业方式各异，可能存在的危险点也不同；即使是相同的作业，所存在的危险点也不是固定不变的，旧的可能会消除，新的又会重新出现，因此消除、控制危险点工作不是一劳永逸的。

5.1.2.4 可预知性

既然危险点是一种客观存在的事物，人们就有能力认识它、防范它。电力系统有一整套严密的安全生产规程、规定、制度，这是制定危险点预控措施的基础。同时，危险点预控法在国内一些电力企业中已经摸索和积累了一定的经验，只要人们重视，措施得力，危险点是完全可以控制的。

5.1.3 电力生产中的危险点查找

要预知在即将开展的作业中存在哪些危险点，就必须进行查找、分析、预测。

5.1.3.1 现场踏勘

此方法主要用于设备固有危险点的查找，要求发动职工实地查看每条线路、每一设备的危险点，进行记录和汇总。

5.1.3.2 归纳分析预测

从已知的具体事实中，分析推断出将开始的作业中会存在同类危险点的一种方法。这些已知的具体事实既可以用本单位、本班组过去作业过程中的经验总结，也可以是外单位在同类作业中曾经发生的事故教训。

通过分析发现，导致事故的原因均属作业人员作业时，自觉或不自觉地诱发了已经潜在的危险点，使作业人员受到伤害。

5.1.3.3 习惯性违章排查

习惯性违章是指职工作业中固守旧有的不良作业传统和工作习惯，违反安全工作规程的行为。据资料统计，电力系统82%以上的事故是由于习惯性违章造成的，因此，要想有效地控制危险点，就必须消除习惯性违章。消除习惯性违章首先要排查职工中存在的习惯性违章行为。

5.1.3.4 事故原因分析

电力生产事故,分析其发生的原因,总是由人、机(设备)、料(器具)、环(环境)、法(方法)诸要素组成。事故原因分析法,是通过分析各要素对事故发生的影响,从中找出起决定作用的要素,进行重点预防的方法。这里所说的事故原因,在一定程度上就是诱发事故的危险点。因此,运用事故原因分析法,能够有助于分析预测,找准危险点,特别是能找准起决定作用的危险点,有针对性地加以防范。

事故原因分析的步骤如下:

(1)在作业前,根据每次作业情况,列出可能导致事故发生的所有危险点。

(2)分析危险点与事故的联系,分析安全在导致事故时起的作用,画出因果关系图。

(3)进一步分析,找出可能导致事故发生的危险点中哪些是起决定作用的主要危险点,哪些是起一般作用的危险点。

(4)根据分析结果,研究制定安全技术措施,抓好主要危险点的消除和预控工作。

根据作业前查找的危险点,绘制该停电检修中可能产生的危险与原因之间因果关系图,如图 5.1 所示。

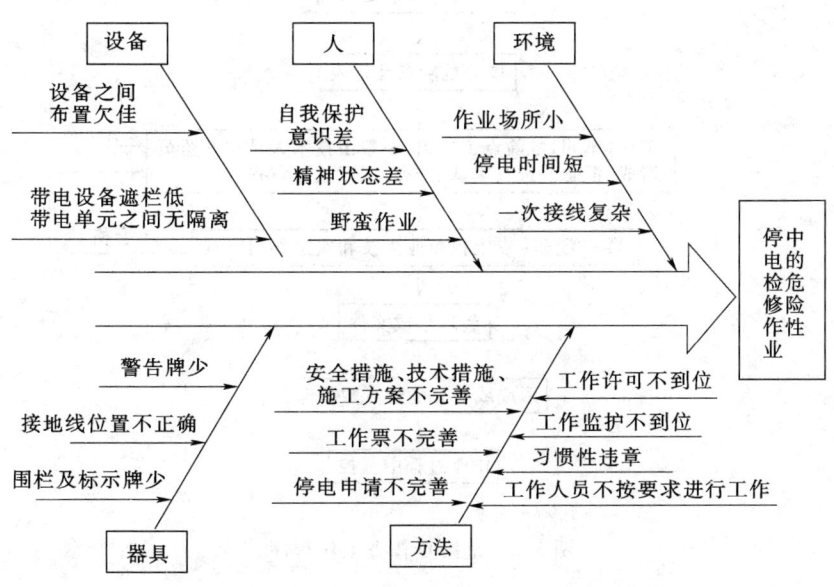

图 5.1 停电检修事故原因分析

5.1.4 电气工作中的危险点查找程序

危险点分析和查找工作是危险点预控法的基础工作。通过查找可以熟悉工作中的危险因素,增强职工的安全意识,丰富和完善危险点数据库,并可以对危险点进行动态管理。

全面、系统地开展危险点查找工作,要做到有计划、有步骤、有措施地逐步推行。首先编制统一的危险点登记表格,遵循自下而上、上下结合、工区(车间)把关的原则,层层发动、层层查找。以班组为单位,结合本专业、本岗位的各种作业、各种设备,查找分析危险点及其分布,一一登记。在此基础上,针对每个危险点,对照规程及有关制度,提出危险点的控制措施,逐级上报确定,分级管理和控制。

危险点查找一般采用普查、作业过程中和日常运行巡视补充3种办法。

5.1.4.1 危险点普查程序

普查是危险点数据库形成的重要方法,可根据实际情况结合年度安全大检查工作进行。其工作程序如图 5.2 所示。

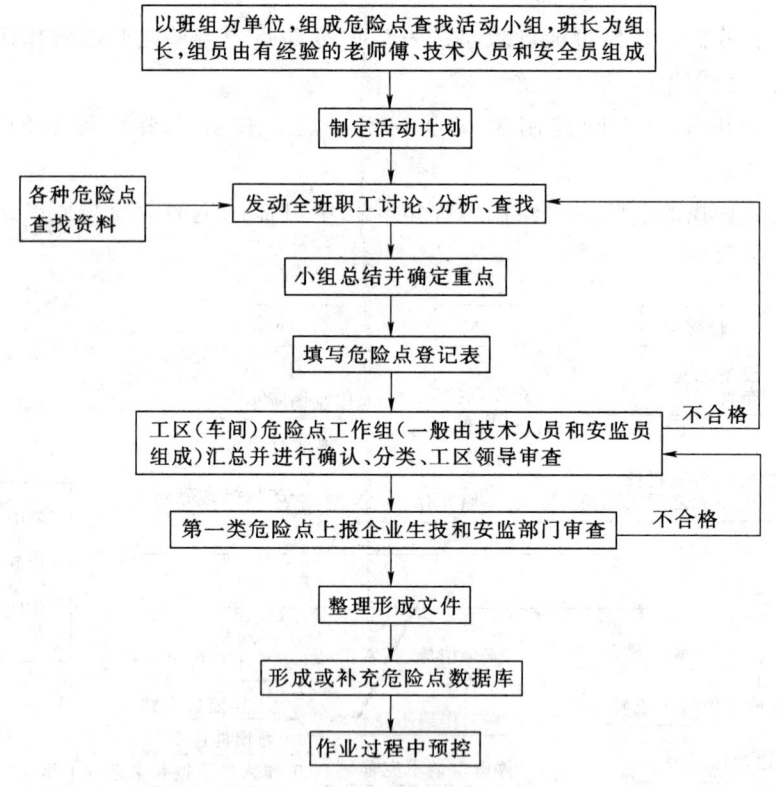

图 5.2 危险点普查工作程序

5.1.4.2 作业过程中补充危险点工作程序

作业过程中危险点动态管理的有效方法,要求作业人员在作业前和班后汇总分析、总结,根据实际情况进行补充,其工作程序如图 5.3 所示。

5.1.4.3 日常运行、巡视过程设备固有危险点管理

日常运行、巡视是设备固有危险点动态管理的有效方法,可以及时补充和消除危险点。

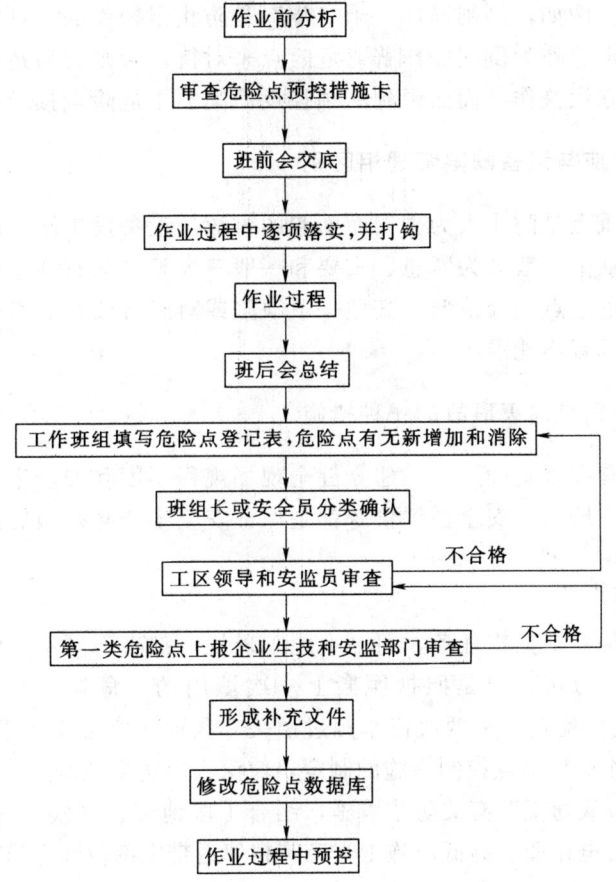

图 5.3 作业过程中补充危险点工作程序

5.2 危险点分析预控应注意的问题

5.2.1 危险点预控应与严格贯彻规程制度相区别

规程制度是作业人员的工作准则,有的还是前人血的教训总结,每个人必须严格遵守。虽然现场规程中(包括安全工作规程、运行规程、检验规程和管理制度等)绝大部分规定都与安全有关,但结合各个单位、各时期的人员素质、安全思想水平和设备状况等,具体引发事故成因与规程制度有关的危险点不会很多。再则,规程制度条文数以千计,如果把执行每一条规程制度都当成是危险点,要求作业人员都加以预控,实际上就是轻重不分,眉毛胡子一把抓,现场作业人员反而搞不清楚哪些是当前必须控制的真正危险点。

5.2.2 危险点预控应与规范管理相区别

危险点预控是根据施工和操作中可能引发事故的问题提出的,方向明确,针对性、可操作性强,与技术管理中要求的规范化和标准化不同,前者是点上的工作,后者是面上的工作，应区别对待。例如，倒闸操作"十二步"是防止误操作的管理规范，操作人员必须认真执行，但不能把它作为倒闸操作普遍危险点来对待，否则容易造成操作人员心理负担过大，反而容易引起误操作。面面俱到的预控反而削弱了危险点预控的作用。

5.2.3　危险点预控应与设备缺陷管理相区别

危险点预控的重点是防止人为失误而引起的事故。设备发生缺陷时，大多数情况下仍能继续运行。设备缺陷一般分为紧急、重要和一般三大类。只有那些紧急缺陷和主设备的重要缺陷才能纳入危险点预控范畴，其他一般缺陷或对经济效益有影响的缺陷，都属于生产技术管理范围，两者不能混淆。

5.2.4　危险点预控只是消灭事故的一种措施

除此之外，还有许多基础工作。建立健全现场规程制度和安全生产责任制、设备大小修、更改工程、生产培训、安全性评价等都是保证安全生产必须做好的工作。

5.2.5　要做到"五不"

（1）不造假。每一个操作任务，每一个施工现场，都有不同特征的作业危险点。如果不调查、不研究、不分析，只是照抄照搬上一次填用的《危控卡》，或事后补填《危控卡》，弄虚作假，应付检查，一两次侥幸闯过了关，久而久之必出大事故。

（2）不空洞。作业危险点控制措施的制定，应深入现场实地调查。根据作业任务，对照有关规程条款和"事故通报"有关防范措施，结合工段地理、气候、现场条件、交通状况、工器具、二次回路带电作业、高低压施工交叉跨越邻近带电部位和人员素质等情况，认真分析研究，做到内容具体，便于操作，尽量避免泛泛而谈的原则性语言和模棱两可的字句。

（3）不片面。要有"全过程"控制措施，不能顾头不顾脚，重视一部分，忽视另一部分，更不能见物不见人。要从明显的、隐蔽的、内部的、外围的、工前的准备、作业中和完工的检查清扫各个环节，组织班组人员进行全面的分析讨论。

（4）不鲁莽。制定好作业危险点控制措施，必须在工前班会上向作业人员宣读，交代清楚，并指定专人落实；必须实行全过程专人监控，及时纠正和查处违章行为，千万不能为赶工期而鲁莽从事。

（5）不零碎。对已执行的作业危险点控制措施，要认真总结经验，查找不足和隐患，以利下次执行得更好。不能把它们只放在档案盒内不闻不问，要善于归并积累，并作为安全知识培训考试的重要内容。

5.2.6　开展危险点分析、实现"三级控制"

要通过"三级控制"的管理模式和目标管理形式来实现安全生产。怎样才能实现"三级控制"？安全管理经验证明，开展危险点分析是实现"三级控制"的重要环节。开展好这项活动，首先要从整治思想上的危险点入手，克服思想上麻痹和行动上的习惯性违章，同时做到"五到位"，即安全思想教育到位、岗位"安全职责"履行到位、实施措施到位、具体行动到位、事前预防到位。企业开展危险点分析活动的主体是生产一线的干部职工，

5.2 危险点分析预控应注意的问题

因此，必须采取发动群众、自下而上、上下结合、专业把关的原则进行。各级管理、生产人员要同落实安全生产责任制一样找准自己在开展危险点分析活动中的位置和应负的责任，在统一目标、统一步调、统一要求下，充分发挥生产指挥系统这条安全生产主线的作用，并从以下3个层次具体落实和操作，切实有效地实现"三级控制"。

(1) 决策管理层。以各生产经营单位的主要负责人为核心，以党、政、工、青及专业部门组成决策管理机构，并充分发挥管理、协调、指导、监督、跟踪、服务6项主要职能。在危险点分析工作中，深入现场（工地）、班组，做好宣传教育，注重激励作用，及时推广危险点分析活动中好的典型和经验。厂（公司）可以通过举办危险点分析培训班，或以讲座的形式培训危险点分析活动的骨干，并充分发挥他们的带头作用。

教育员工，要做到把"要我安全"变为"我要安全"，这还应该再提高一个层次，达到"我会安全"。一个员工连自己都不会保护，怎么会保护好他人。人身安全问题，是安全管理工作的重中之重，是危险点分析的核心问题。"三级控制"中，每一级都有人身安全问题。

在开展危险点分析活动中，领导干部和安监都要明确自己的职责，不仅仅是监督、检查、考核，更重要的是指导和服务，要做到四勤（即腿勤、耳勤、眼勤、手勤）。只有决策管理层的每一位管理者充分发挥自己的作用，明确自己的位置和应负的安全责任，要做到常抓不懈，企业的危险点分析活动才能深入、扎实、有效地开展下去。

(2) 执行层。执行层主要是以生产系统各处室、分场负责人（主任）、安全员为主体。其责任是认真执行决策管理层所提出的措施和办法。针对本分场（工地或专业）目前所进行的较大型的运行操作和较复杂的检修作业的安全薄弱环节，组织开展好安全分析会，找出危险点，制定出切实可行的预防措施，并写成条款式文字发至班组，也可以写在小黑板上挂在生产现场，以提醒运行操作人员和检修作业人员遵照执行。由于执行层是企业二级生产单位中层及管理人员，既是各项规程制度执行的监督者，又是直接执行者，对危险点分析开展得好坏，起着至关重要的作用。因此，要使危险点分析活动开展得扎实有效，较好地实现三级控制，做好事故预防，就要求安全管理者具有大胆的创新意识、严谨的科学态度和良好的组织才能。

因为安全与不安全往往在一瞬间之间，一念之间。因此，要使安全工作落到实处就要加强安全思想教育，做好"我会安全"的技能培训工作，结合现场实际开展好危险点分析，将25项预防措施落实到每个岗位上，充分发挥执行层在安全生产的把关作用，使他们真正成为遵守规程制度的带头人。

(3) 操作层。操作层主要是班组长、工作负责人和工人。工人是操作者，又是事故的直接受害者，这是"三级控制"中最直接、最具体、最关键的一层控制。一般操作人员分布面广，各岗位要求的标准和人员的素质不尽相同，因此，在开展危险点分析活动时，一定要以实事求是的思想指导具体工作。多年来安全监督管理的实践说明，班组是企业的细胞，是安全管理工作的基础，只有抓好班组危险点分析工作，才能使一些事故消灭在萌芽状态。因此，开展对职业的危险性教育是非常必要的。这是因为：现实的危险性能够引发安全需要。心理学认为，人的安全需要引起安全动机，产生安全行为指向安全目标。而存在决定意识，只有人们真正意识到现实危险性的时候，才能产生强烈的安全欲望，进而采取保护措施,化险为夷。以往一些安全教育之所以引不起多大震动,一个重要原因就是有的职工总以为那些危险点引发的事故发生在其他企业,离自己的身边遥远;那些危险因素并没有对自己构成现实的威胁;安全规章制度好是好,究竟对自己起到什么样的保护作用却看不出。这样,安全教育对他们来说,如同"敲山震虎"或"隔靴搔痒",不能直接地引发他们的安全动机。危险性教育必须把在作业中可能存在的危险点和有可能造成的事故后果告诉作业人员,这就会使他们感受到现实存在的危险性,如不设防,势必会危及生命安全和身体健康,既能引发他们维护有机体生存的自然的安全需要,又能引发他们为他人的生命安全和身体健康负责,为企业的生存和发展负责,为国家和社会稳定负责的社会需要。因此,危险性教育能够更直接、更有刺激性地引发安全需要。

危险性教育指向明确,能够保证安全目标的实现。安全教育作为一种手段或形式,所要达到的根本目的是增强职工群众的安全意识,并在这种安全意识支配下去自觉地做好各项安全工作。但是要使安全教育获得理想的效果,必须讲究针对性,即要紧紧围绕职工群众最迫切需要解决的思想和实际问题来进行。这就要求安全教育必须结合作业一道进行,渗透和贯穿到作业之中。危险性教育则最能体现教育的目的和为安全生产服务的保证作用。

案例分析:

某局发生66kV线路单相接地、两相运行,上级要求紧急巡线。某局接受任务后,首先进行危险点预测:第一,该设备两相运行,接地点有电,有可能触电;第二,当时正值秋后庄稼茬口都留在地里,有可能造成摔跌伤害。然后,他们有针对性地进行安全教育,要求作业人员无论是发现导线落地还是其他问题,都必须与接地点保持一定的距离,行走时必须避开导线正下方,设专人看守,以免他人或牲畜误碰导线,夜间在收割后的庄稼地里巡视时要加倍小心。两人一组行走时应相互提醒,采取多组人员巡视,以减少每一组的巡视长度。这样,教育内容贴向实际,要求明确,作业人员在很短时间内便发现和处理了故障点,恢复了设备的正常运行。

危险性教育有助于理论与实际相结合。以往,一些单位在组织学习安全工作规程时,往往要求职工死记硬背条款。从理论到理论,不但激发不起职工的学习兴趣,而且记不住,更谈不上在实际作业中加以熟练运用了。危险性教育能改变这种现象,增强学习效果。例如,某局针对冰雪天变电运行巡视设备的实际,找出有可能存在的5个危险点:其一,端子箱、机构箱内进雪融化受潮,直流接地或保护误动作,应采取的措施是检查箱门关闭是否良好,如其受潮时,要立即用热风机干燥处理;其二,蓄电池室内温度过低,不能正常工作,应采取的措施是封闭门窗,温度不低于规定值;其三,巡视路滑,易摔跤,易误入覆雪坑内,应采取的措施是穿绝缘鞋、慢行、及时清雪;其四,设备覆冰雪脱落伤人,应采取的措施是戴棉安全帽;其五,上下室外楼梯踏空,易发生滑跌,应采取的措施是及时清雪,抓住扶手慢行。实际上,各类作业的安全工作规程所归纳的经验和技术措施,都有很强的针对性和可操作性,换句话说,它系统地阐述了控制各类危险点的理论和方法。结合作业中有可能存在的危险点,学习安全工作规程的有关内容,既能加深对安全工作规程基本内容的理解,又能发挥安全工作规程的指导作用,加强对危险点的有效控制。对职工来说,这样的学习和教育,不但能够增强安全意识,而且能掌握控制危险点的防护技术知识。

5.2 危险点分析预控应注意的问题

危险性教育是一种群众性的自我教育方式,最能动员职工群众参与教育的积极性。能否控制作业中有可能存在的危险点,保证安全,这直接关系到参加作业人员的生命安全与身体健康,关系到他们是否安全准时地完成工作任务,获得更多的经济效益。因而这类教育,最能吸引职工群众。从危险性教育的过程来看,不论是危险点还是制定防护措施等环节,都是依靠职工的聪明智慧来完成的。这样每个职工不仅是受教育者,而且更是教育者,是在进行自我教育和相互教育。这样,就改变了以往有些安全教育"你讲我听",职工群众始终处于被动地位的状况,使教育效果明显增强。

5.2.7 贯彻执行安全工作规程是做好危险点分析的前提

理论源于实践,又指导实践,各类电网系统生产作业安全工作规程,就是预控作业中存在的危险点的运行指南。因为安全工作规程都是在前人血和生命教训及预防事故经验的基础上总结出来的。又经过实践检验被证明是正确的科学真理,它是分析和预控危险点的行为指南。只有以安全工作规程为指导,分析预控危险点,所得出的预控结论才具有更高的可靠性,也只有以安全工作规程为指导研究制定安全措施,并落到实处,分析预控危险点才能更加卓有成效。

(1) 安全工作规程指明了各类作业中存在的危险点。各类安全工作规程都有"不得""禁止""防止"等方面表述,实际上,只要稍加分析,就可以知晓它是针对具体危险点而言的。例如,《起重运输作业安全操作规程》规定:"吊钩上的缺陷不得焊补",如果吊钩上存有焊补之处就应视为危险点;滑轮槽"不允许有损伤钢丝绳的缺陷",如果滑轮槽存有这种缺陷,将会发生损伤钢丝绳的危险。吊钩、滑轮出现下列情形之一时应报废:裂纹,吊钩危险断面磨损达原尺寸;轮槽不均匀、磨损达3m或壁厚磨损达20%;出现其他严重损害钢丝绳的缺陷。存在以上危险点的吊钩、滑轮应该报废,如果继续使用,就会发生损坏机械和伤人的事故。

每类作业都有各自的安全工作规程。在作业前,认真学习安全工作规程,并以此为指导分析作业的实际情况,就不难寻找出有可能存在的危险点。有的时候,完成一项较大的作业需要各工种密切配合,这就应该学习与各工种作业有关的安全工作规程,把有可能存在的危险点都预测出来,防止因考虑不周出现遗漏而埋下隐患。还应注意的是,安全工作规程只是为寻找危险点提供了一般的指导性的依据,不可能把所有的危险点都列举出来。在开展危险点预控活动中,要坚持以安全工作规程为指导,又应坚持从实际出发,从对实际情况的分析预测中得出科学的结论。

(2) 安全工作规程指明了各类作业中危险点的预控措施。安全工作规程中有关应该怎么做、不应该怎么做,以及一些标准界限划定等表述,实际上,都是预控危险点的基本措施,对同一类作业具有普遍的适用性和可操作性。《电业安全工作规程》(电力线路部分)(DL 409—1991)第五十七条规定:"在停电线路工作地段装接地线前,要先验电,验明线路确无电压。"在停电线路工作,先验明是否有电,如果有电即停止作业,这样就能防止被实际存在的电流的伤害。第五十九条规定:线路经过验明确无电压后,各工作班(组)应立即在工作地段两端挂接地线。挂接地线后,当电气设备意外带电时,电流便会经过地线流入大地。因此,挂接地线是防止人身触电和设备损坏的有效措施。第一百二十一条规定:"在配电变压器台（架、室）上进行工作，不论线路是否已停电，必须先拉开低压刀闸，后拉开高压刀闸，在停电的高压引线上接地。"落实了这些安全措施，即使在作业中万一误送电，作业人员也能避免受到伤害。第一百二十六条规定：在带电线路杆塔上（60～100kV）查看金具、瓷瓶等工作时，作业人员活动范围及其所携带的工具、材料等，与带电导线最小距离不得小于1.5m。保持1.5m最小的安全距离，就能预防触电危险；反之，就会被电流伤害。某局技术人员在签发工作票时，竟把在66kV带电线路杆塔上工作的最小安全距离误写成0.7m，结果在检修线路上杆过程中，一名作业人员左手抓住下横担铁柱板，左脚踏在下横担，欲抬左脚挺身之时，头部对上面的引流线放电，安全帽被击穿，脚掌、头部及两手被烧伤，从杆上摔下死亡。安全工作规程指明的方法和措施是分析预控危险点的"法宝"。严格遵守安全工作规程，就能遏制危险点的生成、扩大和突变。

（3）安全工作规程还指明了发生危险后，应采取哪些措施把损失减少到最低限度。安全工作规程的一些条款中，对如何处理机械设备故障或其他险情，均作出了明确规定。按照规定去做，就能有效地控制危险点。例如，《一般冲压工安全操作规程》规定："发现压床运转异常或者异常声响（如连击声、爆裂声等），应停止送料，检查原因，如系转动部件松动、操纵装置失灵或模具松动及缺损，应停机修理。"安全工作规程强调：维修电气设备前必须办理工作票；当发生事故现象时必须果断停机并启动灭火装置。

案例示例

某水电站在维修高压开关柜设备时，既没有办理工作票，又没有明确交代操作项目，操作人员误拉刀闸，导致开关爆炸，烧伤7人，全站停电。连续抢修后并网发电时，2号机在升压过程中冒烟着火。面对事故，运行人员不是果断停机，而是跑去找领导汇报，使事故后果扩大，定子线棒被烧损。事后进行分析，如果有关人员严格按照安全工作规程办事，坚持各项工作制度，这起事故决然不会发生。发生事故后，如果严格按照安全工作规程处理，事故后果也不会扩大。经验教训一再昭示，危险点的生成、扩大、突变以致造成事故，从主观原因上看，皆是因为有关人员不熟悉或不能严格遵守安全工作规程所致。因此，加强安全工作规程学习，熟练掌握安全工作规程，对分析预控危险点是非常重要的。

5.3 配电设备维修作业中的危险点及预控

（1）施工组织工作危险点及其控制措施见表5.1。

表5.1　　　　　　　　　施工组织工作危险点及其控制措施

序号	作业内容	危险点	控 制 措 施
1	作业前的准备工作	作业现场情况核查的不全面、不准确	（1）布置作业前，必须核对图纸，勘察现场，彻底查明可能向作业地点反送电的所有电源，并应断开其断路器、隔离开关，做好安全措施。 （2）对大型作业、带电作业等较为复杂的施工项目，有关人员必须在施工前深入到现场，绘制设备接线和相位图对现场周围的带电部位、大型施工器械的行走路线和工作位置，以及对施工构成障碍的物体等核查清楚，以便确定可行的施工方案和作业中的不安全因素，制定可靠的安全防范措施。 （3）对设备缺陷的处理工作必须在工作前将缺陷发生的原因、处理方式以及处理工作时对现场条件的要求，工作中的安全注意事项等核查清楚

5.3 配电设备维修作业中的危险点及预控

续表

序号	作业内容	危险点	控 制 措 施
1	作业前的准备工作	作业任务不清	(1) 对大型作业、带电作业等较为复杂的施工项目，应按有关规定编制施工安全技术组织措施计划，并须组织全体作业人员结合现场实际认真学习。 (2) 对常规的一般维护性作业，班组长要在作业前将人员的任务分工，危险点及控制措施予以详尽的交代
		作业组的工作负责人和工作班成员选派不当	(1) 选派的工作负责人必须是文件公布的有关资格担任的人员，应有较强的责任心和安全意识，并熟练地掌握所承担的检修项目和质量标准。 (2) 选派的工作班成员须能在工作负责人指导下安全、保质地完成所承担的工作任务
		行车中发生交通事故，造成人员伤害	(1) 工作负责人负有交通安全责任，应协助司机瞭望和控制车速。 (2) 乘车人员严禁在车上打闹，严禁将头部和手臂伸出车外。 (3) 运输的大件必须用绳索封牢，注意防止随车装运的工器具挤、砸伤乘车人员。 (4) 如乘货车时应有高栏，高栏应坚固完好并用绳索系好，行驶中禁止坐在后箱板上。 (5) 乘车人员不应和司机进行非必要的谈话。 (6) 严禁混装的工具、材料，必须分车运输
2	保证安全的组织措施和技术措施的实施	不按规定填写、签发、送交办理工作票	(1) 在电气设备上和设备区内工作，必须按规定执行工作票或口头、电话命令。 (2) 按有关规定正确填写和签发工作票。 (3) 按有关规定及时送交办理工作票
		未办理工作许可手续，工作班人员即进入现场	工作负责人必须在办理许可手续后，方可带领工作班人员进入作业现场
		工作负责人在接到工作许可的命令或开工前和次日复工前不认真检查作业现场的安全措施	(1) 工作负责人在接到工作许可的命令或会同工作许可人检查现场所做的安全措施正确完备后，方可在工作票上签名，然后带领工作班成员进入现场。 (2) 次日复工时，工作负责人须事前重新认真检查安全措施符合工作票的要求后方可工作
		工作负责人不向工作班成员交代工作现场	(1) 工作负责人应检查工作班成员着装是否整齐，是否符合要求。安全用具和劳保用品是否佩戴齐全。 (2) 工作班人员列队并面向工作地点，由工作负责人宣读工作票，交代现场安全措施、带电部位和工作危险点及其控制措施和其他注意事项
3	实施作业	单人留在作业现场	除工作需要和条件允许外，所有工作人员（包括工作负责人）不得单独留在作业现场
		工作负责人（监护人）参与作业，违反工作监护制度	(1) 工作负责人（监护人）在全部停电或部分停电时，只有安全措施可靠，人员集中在一个工作地点，确无触电危险的情况下，方可参加工作。 (2) 专责监护人不得做其他工作
		违反现场作业纪律（说笑、打闹、喝酒等）	(1) 工作负责人须及时提醒和制止影响作业人员精力的言行。 (2) 工作负责人须注意观察工作班成员的精神状态和身体状态。必要时对作业人员进行适当的调整。 (3) 严禁带酒意上岗和在工作中吸烟

续表

序号	作业内容	危险点	控 制 措 施
3	实施作业	擅自变更现场安全措施	(1) 不得随意变更现场安全措施。 (2) 特殊情况下（如开关同期调测等）需要变更安全措施时，必须征得工作许可人的同意，完成后及时恢复原安全措施
		穿越临时遮栏	(1) 临时遮栏的装设需在保证作业人员不能误入带电设备场地的前提下，方便作业人员进出现场和实施作业。 (2) 严禁穿越和擅自移动临时遮栏
		工作不协调	(1) 几人同时进行工作时，需互相配合、协同动作。 (2) 几人同时进行工作，相互联系有困难时，应设专人指挥，并明确指挥方式。使用通信工具时需事先检查工具是否好用
4	工作终结	办理工作终结手续后，又到设备上作业	(1) 全部工作完毕，办理工作终结手续前，工作负责人应对全部工作现场进行周密的检查，确认无遗留问题。 (2) 坚持执行"验收制度"。 (3) 办完工作终结手续后，严禁再登设备作业

(2) 倒闸操作危险点及其控制措施见表 5.2。

表 5.2　　　　　　　　倒闸操作危险点及其控制措施

序号	作业内容	危险点	控 制 措 施
1	停送各种柱上断路器、隔离开关和落地式联网开关柜	高、低压感电	(1) 倒闸操作要严格执行操作票，严禁无票操作。 (2) 倒闸操作应由两人进行，一人操作，一人监护。 (3) 操作机械传动的断路器、隔离开关和联网柜应戴绝缘手套，操作没有机械传动的断路器或隔离开关，应使用合格的绝缘杆，雨天操作应使用有防雨罩的绝缘杆。 (4) 雷电时严禁进行各种倒闸操作。 (5) 登杆操作时，操作人员严禁穿越和碰触低压导线（含路灯线）
		弧光灼伤	(1) 杆上同时有隔离开关和断路器时，应先拉断路器后拉隔离开关，送电时与此相反。 (2) 作业结束合线路分段断路器时，必须检查线路地线全部拆除后方可操作。 (3) 负荷开关主触头不到位时严禁进行操作。 (4) 操作油开关时操作人应穿阻燃服或在安全距离外进行操作。 (5) 带有线路接地装置的联网柜，操作前必须认明操作的线路接地装置确已断开，严防带地线合闸。 (6) 操作前，必须检查断路器、隔离开关确在分位，防止带负荷拉、合隔离开关
		高空坠落	(1) 操作时操作人和监护人应戴好安全帽，登杆操作应系好安全带。 (2) 登杆前检查登杆工具是否完好，并采取防滑措施
2	变压器台停送电	感电伤人	(1) 要严格执行变台操作程序票。 (2) 操作应有两人进行，一人操作，一人监护，不得站在断路器、隔离开关垂直下方。 (3) 应使用合格的绝缘杆，雨天操作应使用有防雨罩的绝缘杆。 (4) 摘挂跌落式熔断器应使用绝缘棒，其他人员不得触及设备。 (5) 应先拉开二次负荷开关再拉一次跌开式开关。 (6) 更换高低压熔丝必须在地面进行，雷电时，严禁进行变压器台更换熔丝工作

5.3 配电设备维修作业中的危险点及预控

续表

序号	作业内容	危险点	控 制 措 施
2	变压器台停送电	物体打击	操作人员应戴好安全帽
		弧光短路	(1) 变压器台风天拉开跌落式开关时,应先拉中相,次拉下风相、后拉上风相,合时先合上风相,次合下风相,后合中相。 (2) 拉合跌落式开关时,要站好位置,对准方向,用力适中,果断操作

（3）验电、装设地线危险点及其控制措施见表5.3。

表 5.3   验电、装设地线危险点及其控制措施

作业内容	危险点	控 制 措 施
停电设备上验电、装设地线	高、低压感电	(1) 验电工作应由两人进行,一人验电、一人监护。 (2) 验电前必须辨明该设备为停电设备。 (3) 验电工作要使用合格的相应电压等级的验电工具,验电人员应戴绝缘手套。 (4) 在同杆塔具有多回高、低压线路上验电,必须先验低压后验高压、先验下层后验上层,当验明最下层确无电压后必须装设好地线后再验上层,不得碰触或穿越无地线的导线。 (5) 电缆头上必须逐相验电,放电装设地线后方可进行上层验电、装设地线。 (6) 装设地线工作,先接接地端,后接导线端,拆时与此相反。 1) 必须使用合格的绝缘棒或戴绝缘手套,人体不得触碰导线和地线。 2) 杆塔无接地引下线时,可采用临时接地棒,临时接地棒在地面下深度不得小于0.6m,不准利用低压线、绝缘拉线和未接地的杆塔构件作接地端
	高空摔跌、物体打击	(1) 作业人员必须戴好安全帽。 (2) 上杆前检查登杆工具是否良好可靠,并注意防滑,攀登杆塔脚钉时要检查脚钉是否可靠。 (3) 到达验电装设地线位置时,必须系好安全带后进行验电、装设地线工作。 (4) 验电器、地线应用绳索传递。 (5) 用绝缘杆装设接地线时,应注意防止线夹掉下伤人

（4）变压器台工作危险点及其控制措施见表5.4。

表 5.4   变压器台工作危险点及其控制措施

序号	作业内容	危险点	控 制 措 施
1	变压器台停电小修工作	漏停断路器、外来电源;带电距离不够;作业人员感电	(1) 作业前必须将变压器台停电,同时拉开送电往该变压器台线路的所有电源(包括路灯电源),并在变压器台二次隔离开关和一次跌落式开关引流负荷侧分别验电装设地线后方可作业。 (2) 进行变压器台操作时,要严格执行变压器台程序操作票,修理工作要执行修理票,使用合格的绝缘杆进行操作,雨天操作应使用有雨罩的绝缘杆,操作人员应戴安全帽,上述作业设专人监护,其他人不许触及设备。 (3) 严禁不使用绝缘杆而徒手摘挂跌落式熔丝管。 (4) 雷电时严禁进行操作。 (5) 变压器台上作业人员、工具、材料要与高压带电部位保持安全距离:10kV为0.7m,并设专人监护。 (6) 碰触已停电的高低压电缆头前应逐相放电并装设好地线。 (7) 使用仪表前应检查表线绝缘是否良好。 (8) 有电容器的变压器台,应将电容器逐项放电并接地

续表

序号	作业内容	危险点	控 制 措 施
1	变压器台停电小修工作	踏漏、踏翻台板跌落；马蜂蜇伤跌落；高空摔跌、物体打击	（1）上变压器台前认真检查脚钉、梯子是否牢固，观察是否有马蜂窝，防止马蜂蜇伤。 （2）上变压器台后检查台板是否牢固，清除杂物，防止滑倒踏空或绊倒。 （3）变压器台作业人员应戴好安全帽，系好安全带，安全带应系在电杆或母线架上，安全带的长度要适度
2	更换变压器	吊车臂或吊件碰触带电部位；感电伤人	（1）吊放变压器工作应设专人指挥和监护，吊臂和变压器距带电的一次侧断路器及以上设备应保持2m以上安全距离。 （2）使用其他起重工具起吊更换时，工作中人员、工具和材料要与一次带电设备保证安全距离：10kV为0.7m。要设专人监护，杆上使用工具时要在变压器台二次侧用绳牵传递
		变压器脱落或移动变压器时挤压伤人	（1）吊放变压器前，应对钢丝绳套进行外观检查，无断股、烧伤、挤压伤等明显缺陷，其强度满足起重设备荷重要求（安全系数为5~6倍）。 （2）吊放变压器前，应对各受力点进行检查，检查变压器是否确已挂好，检查变压器吊环有无裂纹。 （3）吊放变压器及吊车转位时，吊臂下严禁有人逗留。 （4）要做到信号明确，设专人监护

（5）电气测量工作危险点及其控制措施见表5.5。

表 5.5 电气测量工作危险点及其控制措施

序号	作业内容	危险点	控 制 措 施
1	变压器测负荷工	高、低压感电	（1）测量工作至少应由两人进行，一人操作，一人监护，夜间作业，必须有足够的照明。 （2）测量人员应了解测试仪表性能、测试方法及正确接线。 （3）安装仪表及测量时不得触及其他带电设备，并防止相间短路。 （4）上变压器台时应从变压器低压侧攀登。地面测量时应认明低压侧。工作中时刻注意与高压端子的距离。 （5）在配变电站内测量，应在低压室内进行，不得进入高压室
		高空摔跌	（1）变压器台上测量工作应系好安全带。上变台时应检查变台脚钉和爬梯安装是否牢固。 （2）使用移动梯子应有专人扶持
2	高压线路测负荷工作	高、低压感电	（1）测量工作至少应由两人进行，一人操作，一人监护，夜间作业，必须有足够的照明。 （2）测量人员应了解测试仪表性能、测试方法及正确接线。 （3）登杆测量高压电流时必须使用合格的绝缘杆，绝缘杆有效长度10kV不得小于0.7m，工作中对高压带电部分保持安全距离：10kV为0.7m。测量人员不得穿越高低压线、电缆头、断路器、隔离开关等（包括路灯线）。 （4）测量工作不得穿越虽停电但未经装设地线的导线
		高空摔跌	登杆测量工作必须系好安全带，戴好安全帽
3	测量接地电阻工作	高、低压感电	（1）测量接地电阻工作至少应由两人进行，一人操作、一人监护。 （2）测量人员应了解测试仪表性能、测试方法及正确接线。 （3）解开或恢复接地线时，应戴绝缘手套，测量时严禁接触与大地断开的接地线

5.3 配电设备维修作业中的危险点及预控

续表

序号	作业内容	危险点	控 制 措 施
4	测量绝缘电阻工作	高、低压感电	(1) 测量工作至少应由两人进行，一人操作、一人监护，夜间作业必须有足够的照明。 (2) 测量人员应了解测试仪表性能、测试方法及正确接线，测量时人身不得碰触测量仪表的端子及引线。 (3) 测量电缆绝缘电阻工作，必须测量完一相且放电后方可进行另一相测量工作。 (4) 工作中对带电设备保证可靠的安全距离：10kV 为 0.7m，并设专人监护
5	导线限距交叉跨越距离的测量	走路扎脚、摔伤	(1) 测量工作应穿胶底高腰劳保用鞋，走路时不光要看线路，同时要观察周围的自然环境，防止被土包、树楂子等绊倒摔伤、扎脚。 (2) 翻越障碍时，确认无危险时方可翻越
		触电	(1) 测量工作至少由两人进行，1 人操作，1 人监护，监护人不得做其他工作。 (2) 在线路带电情况下，用抛挂绝缘绳的方法进行测量导线线距时，绝缘绳必须清洁、干燥、试验合格。抛挂绝缘绳时必须与带电体保持安全距离，并有专人监护。 (3) 禁止在阴雨天进行抛挂绝缘绳的测量作业。 (4) 严禁使用皮尺、线尺（夹有金属线）等测量带电线路各种距离。 (5) 利用仪器测量时，塔尺与带电体必须保证安全距离。 (6) 登杆塔抛挂绝缘绳时，应对带电体保持足够的安全距离，吊动绝缘绳时要防止导线舞动造成相间短路
		物体打击	(1) 利用绝缘绳地面抛挂测量限距时，应检查重锤是否绑好。 (2) 抛重锤时应有专人监护，防止重锤打坏设备或落下打伤工作人员

(6) 配变站（箱式配变站）工作危险点及其控制措施见表 5.6。

表 5.6　　配变站（箱式配变站）工作危险点及其控制措施

序号	作业内容	危险点	控 制 措 施
1	变压器测负荷工作	高、低压感电	(1) 测量工作至少应由两人进行，一人操作、一人监护，夜间作业必须有足够的照明。 (2) 测量人员应了解测试仪表性能、测试方法及正确接线。 (3) 安装仪表及测量时不得触及其他带电设备，并防止相间短路。 (4) 上变压器台时应从变压器低压侧攀登。地面测量时应认明低压侧。工作中时刻注意对高压端子的距离。 (5) 在配变电站内测量，应在低压室内进行，不得进入高压室
		高空摔跌	(1) 变压器台上测量工作应系好安全带。上变压器台时应检查变压器台脚钉和爬梯安装是否牢固。 (2) 使用移动梯子应有专人扶持
2	高压线路测负荷工作	高、低压感电	(1) 测量工作至少应由两人进行，一人操作、一人监护，夜间作业必须有足够的照明。 (2) 测量人员应了解测试仪表性能、测试方法及正确接线。 (3) 登杆测量高压电流时必须使用合格的绝缘杆，绝缘杆有效长度 10kV 不得小于 0.7m，工作中对高压带电部分保持安全距离：10kV 为 0.7m。测量人员不得穿越高低压线、电缆头、断路器、隔离开关等（包括路灯线）。 (4) 测量工作不得穿越虽停电但未经装设地线的导线
		高空摔跌	登杆测量工作必须系好安全带，戴好安全帽

续表

序号	作业内容	危险点	控制措施
3	测量接地电阻工作	高、低压感电	(1) 测量接地电阻工作至少应由两人进行,一人操作、一人监护。 (2) 测量人员应了解测试仪表性能,测试方法及正确接线。 (3) 解开或恢复接地线时,应戴绝缘手套,测量时严禁接触与地断开的接地线
4	测量绝缘电阻工作	高、低压感电	(1) 测量工作至少应由两人进行,一人操作、一人监护,夜间作业,必须有足够的照明。 (2) 测量人员应了解测试仪表性能,测试方法及正确接线,测量时人身不得碰触测量仪表的端子及引线。 (3) 测量电缆绝缘电阻工作,必须测量完一相且放电后方可进行另一相测量工作。 (4) 工作中对带电设备保证可靠的安全距离:10kV 为 0.7m,并设专人监护
5	导线限距交叉跨越距离的测量	走路扎脚、摔伤	(1) 测量工作应穿胶底高腰劳保用鞋,走路时不光要看线路,同时要观察周围的自然环境,防止被土包、树茬子等绊倒摔伤、扎脚。 (2) 翻越障碍时,确认无危险时方可翻越
		触电	(1) 测量工作至少应由两人进行,一人操作、一人监护,监护人不得做其他工作。 (2) 在线路带电情况下,用抛挂绝缘绳的方法进行测量导线线距时,绝缘绳必须清洁、干燥、试验合格。抛挂绝缘绳时必须与带电体保持安全距离,并有专人监护。 (3) 禁止在阴雨天进行抛挂绝缘绳的测量作业。 (4) 严禁使用皮尺、线尺(夹有金属线)等测量带电线路各种距离。 (5) 利用仪器测量时,塔尺与带电体必须保证安全距离。 (6) 登杆塔抛挂绝缘绳时,应对带电体保持足够的安全距离,吊动绝缘绳时要防止导线舞动造成相间短路
		物体打击	(1) 利用绝缘绳地面抛挂测量限距时,应检查重锤是否绑好。 (2) 抛重锤时应有专人监护,防止重锤打坏设备或落下打伤工作人员
6	停电工作	高、低压感电	(1) 配变站的停电工作必须严格执行配变站作业票。 (2) 作业前必须将配变站内检修设备高低压全停并在指定位置验电和装设地线后方可工作。工作中与带电体保持安全距离:10kV 为 0.7m,应设专人监护。 (3) 高压电缆预防性试验和更换高压断路器工作必须从电源引入端停电,柱上断路器(无隔离开关)应设专人看守,有隔离开关的应挂"有人工作,禁止合闸"的标示牌,跌落式开关摘下熔丝管。 (4) 触碰电缆头前(包括联络电缆)必须先逐相放电和装设地线。 (5) 更换一次断路器的工作必须将断路器电源侧户外和联络电缆的电源拉开,验电挂接地线后方可进行
		高空摔跌	(1) 在高压室内作业使用梯子应有人扶持,站在变压器大盖上作业时应防止滑倒。 (2) 作业人员应戴好安全帽,高处作业系好安全带

5.3 配电设备维修作业中的危险点及预控

续表

序号	作业内容	危险点	控 制 措 施
6	停电工作	在吊运移动变压器过程中伤人	(1) 吊放变压器工作应设专人指挥和监护。 (2) 吊放变压器前应先对钢丝绳套进行外观检查，无断股、烧伤、挤压等明显缺陷，其强度满足起重设备荷重要求（安全系数5～6倍）。 (3) 吊放变压器前应对各受力点进行检查。 (4) 拉出或送入变压器时要防止变压器移动挤、压伤身体
7	部分停电工作	高、低压感电弧光伤人	(1) 配变站工作应由两人以上进行，并设专人监护。对高压带电部位保持0.7m的安全距离。 (2) 更换低压开关或低压熔丝管工作时，必须拉开该开关的电源，并在该开关两侧验电，确无电压后装设好地线方可工作。 (3) 低压部分停电作业应在工作盘上挂"在此工作"标示牌，并设安全围栏。 (4) 开关跳闸，送电前必须查明原因，排除故障。对电缆应进行绝缘测试，严禁盲目试送开关。 (5) 电容器工作前必须先逐相放电和装设地线后方可工作
8	巡视检查工作	高、低压感电	(1) 配变站巡视工作必须由两人进行，一人巡视、一人监视。 (2) 高压室内巡视，进入室内前，必须辨清高低压侧，一般不应从高压通过，如必须通过时应与带电部位保持安全距离：10kV为0.7m，应有专人监护。 (3) 巡视过程中，任何情况下不得触及带电设备。 (4) 高压室内高压设备发生接地时，人员不得进入故障点4m以内

（7）线路巡视工作危险点及其控制措施见表5.7。

表5.7 线路巡视工作危险点及其控制措施

序号	作业内容	危险点	控 制 措 施
1	正常巡视	走路扎脚	巡视时，严禁穿凉鞋，防止扎脚
		狗咬	(1) 进村屯和可能有狗的地方先吆喝。 (2) 可备用棍棒，防备狗突然窜出
		蛇咬	巡线时带一树枝，边走边打草，打草惊蛇，避免被蛇咬伤
		摔倒	巡线时如路滑，慢慢行走，过沟、崖、墙时防止摔倒
		马蜂蜇	发现马蜂窝不要到跟前去，更不能碰它
		高空坠落	单人巡视时，禁止攀登电杆和铁塔，也不能爬树
		交通事故	巡视时应遵守交通法规
		溺水	巡视工作中不准穿过不明深浅的水域和薄冰，过桥时要小心防止落水
		迷路	(1) 偏僻山区夜间巡视必须由两人进行。 (2) 夜间巡视应有照明工具。 (3) 暑天和大雨雪天巡视必要时应由两人进行
		森螨叮咬	(1) 按时注射防螨疫苗。 (2) 注意脖颈、袖口、裤口、封闭，防止螨虫进入
2	故障巡视	触电	(1) 事故巡线应始终认为线路有电，即使明知该线路已停电，亦应认为线路随时有恢复送电的可能。 (2) 发现导线断落地面或悬吊空中，应设法防止行人靠近断线点8m以内，配变站内应防止人员靠近断线地点4m以内，并迅速报告领导，等候处理。 (3) 巡线时沿线路外侧行走，大风时沿上风侧行走

(8) 紧、放线工作危险点及其控制措施见表 5.8。

表 5.8　　　　　　　　　　紧、放线工作危险点及其控制措施

序号	作业内容	危险点	控 制 措 施
1	停电架线、换线	倒杆跑线伤人	(1) 紧、放线工作应设专人指挥，统一信号，并保证信号畅通。 (2) 紧、放线所使用的工具设备强度应合格，应满足荷重要求。 (3) 交叉跨越各种线路、铁路、公路，应先取得主管部门同意，做好安全措施，如搭跨越架防止导线滑落，路口设专人持信号旗看守。 (4) 严禁采用突然剪断导、地线的方法松线。 (5) 紧、放线前应检查拉线、杆根、横担、导线接线管、导线接头、滑轮是否满足紧、放线要求，工作人员不得跨在导线上或站在导线内角侧。 (6) 当牵引绳索或导线卡住时，应立即停止牵引并松线，不得直接用手处理，应在其无张力情况下处理。 (7) 线轴应放置牢固，放线速度要适度并有制动措施，设专人看守。 (8) 用机械以旧线牵引新线时，必须处理好所有接头，保证确能顺利通过弧线滑车，无把握的杆塔上不许有人并用拉线加固
2	高压带电、低压换线	感电伤人	(1) 在高压带电、下层低压线换线时，必须采取可靠的防止导线跳动的控制措施。 (2) 每基杆塔设专人监护，工作人员、工具、材料对带电体保持的安全距离：10kV 及以下为 0.7m。 (3) 低压线穿越变台高压引线时，必须装设绝缘隔板，导线应加保护套

(9) 电缆试验危险点及其控制措施见表 5.9。

表 5.9　　　　　　　　　　电缆试验危险点及其控制措施

作业内容	危险点	控 制 措 施
电缆试验	误入带电间隔，误触带电设备	(1) 没完成工作许可手续前，工作班成员禁止进入变电所。 (2) 高压试验工作不得少于两人，试验负责人应对全体试验人员详细布置试验中的安全注意事项
	试验设备误接线；漏放试验电压；试验电压感电	(1) 注意试验装置的正确接线，试验装置的金属外壳应可靠接地，试验电源开关应有明显的断开点。 (2) 试验现场应设遮栏或围栏，向外悬挂"止步，高压危险"标示牌，电缆另一端应派专人看守。电缆连接其他设备时应分开试验，三芯电缆试验时，其他两相应与外屏蔽一同接地。 (3) 加压前必须认真检查试验接线，试验仪表及调压的起始状态正确无误后，通知有关人员离开被试电缆，并取得负责人许可方可加压，加压过程应有人监护，并呼唱。 (4) 变更接线或试验结束时，应首先断开试验电源，对电缆应反复放电。将升压设备的高压部分短路接地。 (5) 试验没结束前禁止攀登户外电缆头所在电杆
	拆接引线时高空坠落；物体打击、碰撞；接引误接线	(1) 电缆拆引前应检查相位标志，做好标记，接引时应进行检查核对。 (2) 登高拆接电缆时，应先检查登高工具，如脚扣、安全带、梯子等是否完整牢固，戴好安全帽，安全带应系在牢固的构件上，使用梯子时要有人扶持或绑牢。 (3) 高处人员应防止掉东西，使用工具、材料应用绳索传递

(10) 电缆施工危险点及其控制措施见表5.10。

表5.10 电缆施工危险点及其控制措施

序号	作业内容	危险点	控 制 措 施
1	电缆沟的挖掘工作	碰坏地下设施、伤人	(1) 挖掘电缆沟前必须与地下管道、电缆的主管部门联系,明确地下设施实际位置,做好防范措施,组织外来人员施工时应交代清楚并加强监护。 (2) 挖掘过程中碰到地下物体,不得擅自处理,要验明清楚得到许可后再进行。 (3) 在电缆路径上挖掘,不得使用尖镐,要使用铁锹,锹挖到电缆盖板时更应注意,防止碰坏电缆
		锹、镐及回落土伤人	(1) 挖掘电缆沟前,现场应做好明显标志或围栏,挖出的土堆起的斜坡上不得放置工具、材料等杂物,沟边应留有通道。 (2) 在挖掘电缆沟深超过1.5m时,抛土要特别注意防止土石回落。 (3) 在松软土层挖沟应有防止塌场措施,禁止由下部掏挖土层。 (4) 在居民区及交通要道附近挖沟时应设沟盖,夜间挂红灯。 (5) 硬石、冻土层打眼时应检查锤把、锤头及钢钎子,打锤人应站在扶钎人侧面,严禁站在对面,并不得戴手套,扶钎人应戴安全帽,钎头有开花现象时应更换修理
		毒气伤人	(1) 在煤气管线附近挖掘时,必须由两人进行,监护人必须注意挖土人,防止煤气中毒。 (2) 在垃圾堆处挖掘时,必须由两人进行,防止沼气中毒
2	电缆的运输和装卸	挤压伤人	(1) 电缆盘禁止平放运输,吊车装卸电缆时,起重工作应由一人统一指挥。 (2) 电缆盘挂牢吊钩,人员撤离后方可起吊。 (3) 与工作无关人员禁止在起重区域内行走或停留,正在吊物时任何人员不准在吊杆和吊物下停留或行走。 (4) 重物放稳后方可摘钩,运输过程中电缆盘必须捆绑牢固,严禁客货混载。 (5) 卸电缆应使用吊车或将其沿着坚固的铺板渐渐滚下,与电缆盘相反方向的制动绳应满足牵引力,并固定在牢固地点,电缆盘下方禁止站人,不允许将电缆盘从车上直接推下
3	人力敷设电缆工作	人员拌伤、摔伤、传动挤伤	(1) 电缆沟边应修有人工牵引电缆的平整通道。 (2) 电缆需要穿入过道管时,过道管应预敷牵引绳。 (3) 电缆盘及放线架应固定在硬质平整的地面,电缆应从电缆盘上方牵引,放线轴杠两端应打好临时拉线。 (4) 电缆盘设专人看守,电缆盘滚动时禁止用手制动。 (5) 肩扛电缆的人应在电缆同一侧,合理地分配肩扛距离,禁止把电缆放在地面上拖拉。 (6) 电缆穿入保护管时,送电缆人的手与管口应保持一定距离。 (7) 敷设电缆保护盖板时,运板人员与接板人员注意轻接轻放

第5章 电气作业中危险点及预控

续表

序号	作业内容	危险点	控 制 措 施
4	电缆头制作	抬运物件时挤压；施工过程物体打击	（1）抬运物件时，人员应相互配合。 （2）制作中间接头时，接头坑边应留有通道，坑边不得放置工具、材料，传递物件注意递接递放。 （3）用刀或其他工具时，不准对着人体
		熬胶及使用喷灯时烫伤	（1）熬胶工作应有专人看管，熬胶人员应戴帆布手套和鞋盖。 （2）搅拌或掐取热胶时，必须使用预先加热的工具。 （3）沟内外传递，注意轻接轻放。 （4）灌胶过程中，周围不能站人，灌胶人尽量远离灌胶点缓慢注入。 （5）使用喷灯应先检查喷灯本体是否漏气或堵塞。喷灯加油不得超过桶容积的3/4。禁止在明火附近进行放气或加油，点火时先将喷嘴预热。使用喷灯时，喷嘴不准对着人体及设备，打气不得超压。 （6）喷灯使用完毕，应立即放气，放置在安全地点，冷却后装运
5	挖掘及处理故障电缆	对故障电缆误判断造成感电	（1）挖掘电缆工作应由有经验人员交代清楚后才能进行，挖到电缆盖板后应由有经验人员在场指导，加强监护。 （2）土堆的斜坡上不得放置工具、材料，沟边应留有通道。 （3）锯断电缆前，必须与电缆原始资料图纸核对，并采取措施用两种以上定点法复试，对电缆进行判断，发生疑问时不得盲目锯断电缆。 （4）判断确定后，用带木柄的接地铁钉入电缆芯，方可工作。扶电缆的人应戴绝缘手套，并站在绝缘垫上

（11）一般性机械加工危险点及其控制措施见表5.11。

表5.11 一般性机械加工危险点及其控制措施

序号	作业内容	危险点	控 制 措 施
1	手工锯、割、锉、凿等加工	手、脸外伤（划伤、崩伤、碰伤）	（1）工作人员应穿工作服，衣服和袖口应扣好，工作中应戴手套。 （2）使用工具前应进行检查，不完整的不准使用。 （3）锉刀、手锯、木钻、螺丝刀等手柄应安装牢固，没有手柄不准使用。 （4）手锯锯割时，用力要适度，防止断锯条和在锯断时力过猛而碰伤手臂。 （5）锉削时防止过力锉空而碰伤手、臂。 （6）所用的手锤锤头必须完整，其表面须光滑微凸，不得有歪斜、缺口、凹入及裂纹等情况，锤把应用整块硬木制成，应安装十分牢固，并将锤头用楔栓固定。锤把上不许有油污。 （7）用凿子作业时，须戴防护眼镜，凿子被锤击部分有伤痕、不平整或沾有油污不准使用，凿削应由内向外进行，不许冲向自己和他人。 （8）对工件煨弯时，要夹牢扶稳，万向台钳应固定位置，用锤子砸时，较长工件要把住防止不定向抖动和弯倒碰伤自己和他人
2	使用电动机具钻、割、磨加工	触电	（1）固定用的电动工具应有可靠接地，各部分绝缘良好，开关外壳应完整。移动的电动工具应接有触电保护器。 （2）使用手电钻等电动工具时，应戴绝缘手套。 （3）湿手不准触摸电灯、开关及电气设备。 （4）电气工具的电线不准接触热体，不要放在潮湿的地上，避免重物和金属压、砸在电线上

5.3 配电设备维修作业中的危险点及预控

续表

序号	作业内容	危险点	控 制 措 施
2	使用电动机具钻、割、磨加工	机械绞伤	（1）工作时必须穿着工作服，工作人员的工作服不应有可能被转动机器绞住的部分，工作服和袖口必须扣好，禁止戴围巾和穿长衣服，禁止穿凉鞋、拖鞋；女工作人员禁止穿裙子、高跟鞋；辫子、长发必须盘在工作帽内。 （2）使用钻床时不准戴手套，须把钻孔的工件安设牢固，较大工件应有人扶住方可进行。钻孔时钻头应轻轻接触工件。清除钻孔内的金属屑时，必须先停止钻头的转动，不准用手直接清除铁屑。 （3）用压杆压电钻时，压杆应使电钻垂直，如压杆的一端插在固定体中，压杆的固定点应十分牢固。 （4）禁止在运行中或机器未完全停止前清扫、擦拭、润滑和冷却机器的旋转、移动部分工件。 （5）不熟悉电气工具和用具使用方法的人员不准使用。 （6）不准提着电气工具的导线和转动部分。 （7）暂停使用电气工具和遇有临时停电时，应立即切断电源开关，防止突然来电转动
		崩伤	（1）不准使用无合格防护罩和有裂纹及其他不良情况的砂轮机和无齿锯。 （2）使用砂轮时应戴防护眼镜或装设防护玻璃；用砂轮磨工件时，应使火星向下，不准用砂轮的侧面研磨。 （3）使用无齿锯时操作人员应站在锯片的侧面，锯片应缓缓地靠近被割物件。 （4）使用锯床时，工件必须夹牢，长的工件两头应垫牢，防止工件锯断时伤人
3	电焊作业	非专业人员施焊	电焊操作人员必须持有相应的焊工合格证和劳动局颁发的上岗证
		烫伤、火灾	（1）焊工应穿帆布工作服、戴工作帽、上衣不准扎在裤子里，口袋需有遮盖，脚面应有鞋罩和戴电焊手套。 （2）不准在带有液体压力和气体压力或带电设备上进行焊接，如特殊情况必须进行时应经过公司主管生产领导（总工程师）批准，并采取可靠的安全措施。 （3）禁止在储有易燃易爆物品的房间内焊接，室外焊接时，与易燃易爆物品的水平距离不得小于5m，并采取可靠的安全措施，备有必要的消防器材。 （4）禁止在装有易燃易爆物品的容器上或在油漆未干的物体上焊接。 （5）在风力超过三级或雨雪天气时，禁止露天焊接。 （6）清理焊渣时必须戴上白光护目镜，并避免对着自己和他人的方向敲打焊渣
		触电	（1）禁止使用有缺陷的电焊机和工具。 （2）固定或移动的电焊机外壳和工作台必须有良好的接地。 （3）电焊机所用的导线必须是良好的绝缘软导线，接头应包有可靠的绝缘。 （4）电焊机应带有保险的电源刀闸，并装在密封的箱内。 （5）电焊钳应能夹牢焊条，并与焊条接触良好，握柄用绝缘耐热材料制成无缺陷。 （6）电焊机的裸露导线和转动部分应装有防护罩。

续表

序号	作业内容	危险点	控制措施
3	电焊作业	触电	(7) 在合上和拉开电源刀闸时，应戴干燥的手套，另一只手不准按在电焊机上，当电焊设备通电时，不准触摸导电部分，更换焊条时必须戴电焊手套，焊工离开工作场所时必须把电源断开。 (8) 在潮湿地方进行焊接时，焊工必须站在干燥的木板上或穿橡胶绝缘鞋。 (9) 电焊工所坐的椅子须用木材或其他绝缘材料制成。 (10) 禁止将带电的绝缘导线搭在身上或踏在脚下，防止重物、车辆砸、压伤绝缘而漏电。 (11) 接电源时应从断路器的负荷侧接出，严禁带电接电源
4	气焊作业	非专业人员施焊	气焊操作人员必须持有相应的焊工合格证和劳动局颁发的上岗证
		火灾、爆炸、烧伤、烫伤	(1) 焊工应穿帆布工作服、戴工作帽，上衣不准扎在裤子里，口袋需有遮盖，脚面应有鞋罩和应戴防护手套。 (2) 不准在带有液体压力和气体压力或带电设备上进行焊接，如特殊情况必须进行时应经过局（公司）主管生产领导（总工程师）批准，并采取可靠的安全措施。 (3) 禁止在装有易燃易爆物品的容器上或在油漆未干的物体上焊接。 (4) 禁止在储存易燃易爆物品的房间内焊接，室外焊接时，与易燃易爆物品的水平距离不得小于5m，并采取可靠的安全措施，备有必要的消防器材。 (5) 在风力超过三级或雨雪天气时，禁止露天焊接。 (6) 开启电石桶时禁止使用喷灯、焊枪及可能引起火星的金属工具，不准在火旁开桶，开桶的地方不准吸烟。 (7) 打碎电石时，应戴口罩、防护眼镜和手套。 (8) 禁止使用移动式浮筒乙炔发生器，乙炔发生器应放在室外，距明火及焊接场所至少10m，严禁在发生器附近吸烟。 (9) 乙炔发生器及连接部分不准漏气，检查时用肥皂水，不准用火。 (10) 不准用重物压着发生器的气室，提放浮筒应轻提轻放，人体应避开浮筒上方。 (11) 工作地点最多只许有两个氧气瓶，一个工作、一个备用。 (12) 使用中的氧气瓶和乙炔气瓶必垂直放置并固定，两气瓶间距不应小于8m，严禁使用没有减压器的氧气瓶。 (13) 禁止装有气体的气瓶与电线相接触，露天用气瓶要避免阳光曝晒。 (14) 使用的橡胶软管必须具有承受气体压力的强度，不准有鼓包、裂缝或漏气等现象，氧气管和乙炔管不准许混用，长度均应在15m以上，两端必须卡紧或扎紧，防止漏气松动。 (15) 在连接软管前应将软管吹净，并确认管中无水后才允许使用，禁止用氧气吹乙炔管。 (16) 乙炔管和氧气软管在工作中应防止沾上油脂或触及金属溶液，禁止把乙炔管及氧气软管放在高温管道和电线上，或把重的和热的物体压在软管上，也不准把软管放在运输道上，不准把软管和电焊用的导线敷设在一起。 (17) 焊枪在点火前，应先检查其连接处的严密性及嘴子有无堵塞现象，点火时，应先开氧气门，再开乙炔气门，立即点火，然后调整火焰，熄火时与此相反，以免回火。 (18) 由于焊嘴过热堵塞而发生回火或多次鸣爆时，应尽速先将乙炔气门关闭，再关氧气门，然后将焊嘴浸入冷水中。 (19) 焊工不准将正在燃烧中的焊枪放下，如有必要时，应先将火熄灭

5.4 电力建设现场的危险点分析和控制

续表

序号	作业内容	危险点	控制措施
5	使用喷灯	烧伤、烫伤	(1) 不熟悉喷灯使用方法的人员不准擅自使用喷灯。 (2) 喷灯必须符合下列要求,才能点火。 　1) 油桶不漏油,喷火嘴无堵塞,丝扣不漏气。 　2) 油桶内油量不超过油筒容积的 3/4。 　3) 加油的螺塞拧紧。 (3) 用喷灯工作时,应遵守下列各项: 　1) 点火时不准把喷嘴正对着人或易燃物品。 　2) 油桶内压力不可过高,打气时要适度。 　3) 工作地点不准靠近易燃物品和带电体。 　4) 不同燃料的喷灯,燃料不准混用,必须按规定加注。 　5) 喷灯禁止放倒使用,防止燃料外溢着火。 　6) 喷灯用毕后,应放尽压力,待冷却后方可放入工具箱内,喷灯的使用过程中严禁放气。 (4) 喷灯加油、放油以及拆卸喷火嘴或其他零件等工作,必须待喷灯冷却泄压后再进行

5.4 电力建设现场的危险点分析和控制

5.4.1 危险点辨识

危险点辨识及预控是应用科学的方法和手段,对输电线路工程建设中存在的人的不安全行为、物的不安全状态以及环境危险因素进行全面识别和评价,确定危险点,并提出相应的危险控制措施或手段,超前防范,实现安全生产可控、在控。危险点的辨识主要依据《电力建设安全工作规程》(DL 5009.1—2002)等各项规章制度,紧密联系项目和工程反违章(行为性违章、装置性违章、管理性违章)的实际,并结合已经发生的各类事故教训进行,活动的开展应充分发动一线作业人员参与制定危险点控制措施。

5.4.2 分析预控危险点

要弄清在即将开始的作业中究竟存在哪些危险点,就必须进行分析预控。分析预控危险点是指有目的地根据过去和现在已知的情况,对即将开始的作业小危险点的状况进行估计、分析、判断和推测,有针对性地制订安全防范措施,保证作业安全、顺利、圆满地完成。分析预控危险点,首先应做到以下几点:

(1) 要有很强的自觉性,有非常明确的目的。即分析预控活动紧紧围绕安全生产这一目的来展开。

(2) 要有很强的科学性。它是认识和运用客观规律,为安全生产服务的活动。也就是说,分析预控危险点活动,应该在安全科学理论指导下,运用科学的方法进行分析预控,找出预控危险点的规律性。

(3) 要有很强的预见性,在进行分析预控时,必然要借助过去和现在的情况,但它绝不仅仅是对过去和现在的经验教训作出总结,而是把分析的对象指向未来,即指向即将开始的作业实践，对其没有显露却有可能存在的危险点进行推测。

（4）要有很强的实践性。首先，它不能停留在对即将开始的作业中存在哪些危险点，每处危险点有可能造成哪些危害等一般认识上，更重要的是，它要运用分析预控得出的结论指导作业实践，加大管理力度，投入可靠的设施，使这些危险点得到有效的控制。

从一些企业的成功经验来看，主要应掌握以下几种方法：

（1）归纳分析预控危险点法。

它是从已知的一些具体的事实中，分析推断出即将开始作业中也会存在同类的危险点的一种方法。这些已知的具体事实，既可以是本单位过去经历过的经验教训，也可以是本单位在同类作业中曾经发生过的事故。

案例分析

某单位在输电线路工程施工展开前，为分析预控此次工程中有可能存在的危险点，首先对某单位历史上发生的58起事故进行分析，从中发现这些事故的致因均属施工人员作业时，自觉或不自觉地诱发了已经潜在的危险点。被诱发的危险点释放出危害能量，又促使事态进一步发展或扩大，从而使人员受到伤害。在杆塔组立阶段，发生事故30起，其中：高处坠落11起，物体打击10起，机具伤害4起，触电1起，其他事故4起；在放紧线阶段，发生事故28起，其中：高处坠落9起，物体打击8起，机具伤害7起，触电2起，其他事故2起。然后，根据事故类别和事故诱因经过，结合此次工程施工的实际找出150个危险点，重点加以防范。

预控措施如下：

（1）加强危险性教育，增强职员的安全意识和遵章操作的自觉性。

（2）采用先进的安全工器具，如使用速差自锁器、漏电保护器等。

（3）在制订施工技术措施时，考虑足够的安全系数，即使出现意外情况也能保证不发生事故。

（4）设置后备保护措施，防止危险点的危险能量进一步扩大，如紧线时容易滑动的紧线器后面加装一个元宝螺栓，紧线施工采取地面划印法以减少高处作业量等。

（5）针对作业环境中存在的危险点，加大防范措施，如平行靠近运行线路的架线施工做好接地；地形复杂的桩位、起吊作业等，适当提高了器具的安全系数。

（6）提高现场指挥者的综合组织能力，防止出现违章指挥。

（2）演绎分析预控危险点法。

它是从危险点存在的一般规律，分析推断即将开始的作业中存在危险点的一种方法。在电力作业中，虽然每次作业种类、时间、场合、人员不同，但同类作业中容易引发事故的危险点却往往相似。除了高处作业、高空坠落外，其他如使用机械易于引起机械伤害、接触电源易于引起触电、起吊作业易于引起起重伤害、夏季作业易于引起中暑等，了解了这些基本的常识，就可用来分析预控即将开始的同类作业中有可能存在的危险点。比如，安全心理学认为：在接近中午或下午下班时间，职工经过几小时作业后，身体比较疲劳，导致精力分散，并且急于下班吃饭休息，往往图省事而随意作业。某线路班维修班长掌握这一结论后即把接近中午或下午下班时间作为一个易于引发事故的"危险期"，从而加强了管理：①增加一次工间休息，使职工有足够的时间恢复体力和精力；②加强监护，唤起职工的有意注意;③保证车接车送,使职工准时进餐。由于措施得当,某线路维修班在这一"危险期"内没有发生过违章现象。

(3) 调查分析预控危险点法。

它是通过考察,多方了解情况,分析推断即将开始的作业存在危险点的一种方法。要了解即将开始的作业中存在的危险点,还应进行调查研究,在掌握大量情况的基础上,进行去伪存真、去粗取精、由表及里地分析加工。调查的方法很多,既可以到作业现场考察,了解那里的作业环境、工作对象;也可以向有过此类作业经验的内行请教,了解他们的意见和看法;还可以发动作业人员展开讨论,群策群力地分析预控危险点。在调查中,不仅要了解危险点有哪些以及它的发展趋势和有可能造成的危害,而且要了解应该采取哪些预控措施,这样才能提高分析预控危险点的可靠程度。

5.4.3 安全预控措施

危险点控制措施的基本要求是:预防施工过程中产生的危险因素(装置失灵和操作失误等);排除施工场所的危险因素;处置危险因素并控制在国家规定的限值内。危险点控制措施包括:直接安全技术措施,以提高设备、设施的本质安全性能,消灭危险因素;间接安全技术措施,采用一种或多种安全防护装置或设施,最大限度地预防和控制危险因素的发生;指示性安全技术措施,采用检测报警装置、警示标志等措施,危险点控制要突出作业和操作的全过程,特别要强化现场执行和监督的落实,以书面形式使危险预控措施得以确认,使现场每个人清楚危险点的所在和应采取的预控措施,并有切实可行的制度和责任制保证执行和监督到位。电力建设现场通用部分危险点控制措施见表 5.12。

表 5.12 电力建设现场通用部分危险点控制措施

序号	危险点	控制措施
1	进入现场不正确佩戴安全帽	(1) 进入现场要精力集中,慎重行走。 (2) 安全帽要戴正、帽带要系紧。 (3) 严禁坐、踏安全帽或挪作他用
2	高处作业不扎安全带	(1) 2m 及以上作业要扎好安全带、已挂在上方牢固可靠处。 (2) 安全带要细心使用、随时检查,出现问题及时替换
3	酒后进入施工现场	(1) 进入施工现场的人员一律禁止喝酒。 (2) 任何人不得以任何理由酒后进入现场
4	未经三级安全教育、不知安全防护操作知识	(1) 严格执行公司、工区、班组三级安全教育制度。 (2) 严格考试制度,禁止弄虚作假。 (3) 明确安全职责及必要的安全知识和现场的特点
5	无安全技术措施或未交底施工	(1) 所有施工项目均应有安全措施且交底后方可施工。 (2) 施工人员对无安全措施或未交底有权拒绝施工。 (3) 施工人员要严格按方案和安全措施执行,不得随意更改,若方案或措施有错误,应及时与技术人员协商解决
6	安全技术措施有重要错误	(1) 编制人要有高度责任感、有严格审慎的科学态度。 (2) 审批人要严细认真,把好审批关。 (3) 未经审批严禁实施

第5章 电气作业中危险点及预控

续表

序 号	危 险 点	控 制 措 施
7	安全设施不完善、作业环境不安全又未采取措施	(1) 按要求完善安全设施整治作业环境,否则严禁布置施工,工人有权拒绝施工。 (2) 采取的措施因地制宜、合理可靠
8	机械设备未按计划检修,带病作业	(1) 施工用机具要求工况良好,严禁带病作业。 (2) 严格执行机械管理制度,定期检修、维护和保养
9	违章指挥	(1) 严禁违章指挥。 (2) 对违章指挥现象任何人都有责任、有权力制止。 (3) 施工人员遇有违章指挥有权拒绝施工
10	违章违纪作业,违反安全交底要求	(1) 遵章守纪,按规程标准作业,施工中严禁打闹、抛物等违章违纪行为。 (2) 严格按技术交底施工,不得擅自篡改
11	工作不负责任玩忽职守	(1) 各级工作人员工作中要精力集中、尽职尽责。 (2) 严禁粗心大意、精力分散等渎职行为
12	违反职业岗位规定,派不符合要求的人员上岗	(1) 熟悉劳保用品和防护用品的使用方法。 (2) 施工中正确使用。 (3) 经常检查、维护并妥善保管防护用品
13	不正确使用劳动防护用品	(1) 熟悉劳保用品和防护用品的使用方法。 (2) 施工中正确使用。 (3) 经常检查、维护并妥善保管防护用品
14	擅自拆除挪用安全装置和设施	(1) 安全装置及设施严禁私自拆除、挪用。 (2) 若施工需要,须拆除时应征求原搭设单位的同意。 (3) 施工结束后按原样恢复
15	危险作业项目不办安全施工作业票、工作票	(1) 凡《电业安全工作规程》附录B中所列作业项目一律办票。 (2) 工作人员应清楚作业票内容,且带票施工按要求执行
16	气焊、气割作业烧伤或发生爆炸	(1) 焊炬、割炬点火前应检查各连接处及胶带的严密性。 (2) 严禁用氧气吹扫衣物,不得将点燃的焊炬、割炬作照明。 (3) 气割时应有防止割件倾倒、坠落的措施。 (4) 乙炔带着火时,应先灭火后停气;氧气带着火时应先停气后灭火。 (5) 氧、乙炔严禁沾染油脂,严禁串通连接或互换使用。 (6) 气瓶不得与带电体接触,气瓶内的气体不得全部用尽。 (7) 乙炔瓶应直立使用,氧气瓶、乙炔瓶安全距离为5m以上

温故知新

(1) 电力生产中危险点查找的方法有哪些?
(2) 危险点分析预控应注意哪些问题?
(3) 变压器台工作危险点有哪些?
(4) 分析预控危险点应做到哪些方面?

第6章 电力安全事故分析与处理

6.1 电力安全事故分析

6.1.1 电力安全事故的类型

电力安全事故主要有电力生产人身事故、电网事故和电力生产设备事故3种。

6.1.1.1 人身事故等级

(1) 特大人身事故：一次事故死亡10人及以上者。

(2) 重大人身事故：一次事故死亡3人及以上，或一次事故死亡和重伤10人及以上，未构成特大人身事故者。

(3) 一般人身事故：未构成特、重大人身事故的轻伤、重伤及死亡事故。

知识拓展——电力生产人身事故的界定

发生以下情况之一者，定为电力生产事故的界定。

(1) 职工从事电力生产有关工作过程中发生的人身伤亡（含生产性急性中毒造成的伤亡，下同）。

(2) 本企业聘用人员、本企业雇佣或借用的外企业职工、民工和代训工、实习生、短期参加劳动的其他人员，在本企业的车间、班组及作业现场，从事与电力生产有关的工作过程发生人身伤亡，如图6.1所示。

(3) 职工在电力生产区域内，由于企业的劳动条件或作业环境不良、企业管理不善、设备或设施不安全（包括非运行单位责任导致的设备或设施不安全），发生设备爆炸、火灾、生产建（构）筑物倒塌等造成的人身伤亡。

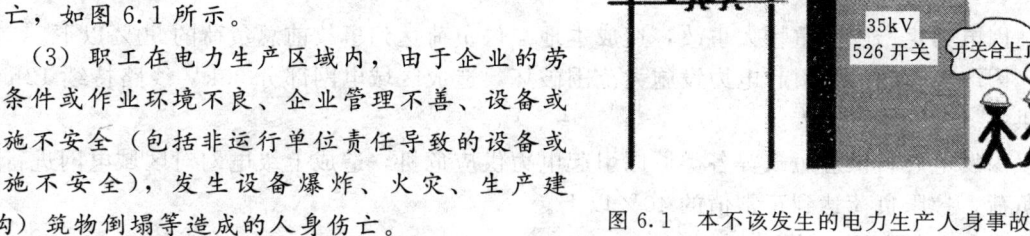

图6.1 本不该发生的电力生产人身事故

(4) 职工在电力生产区域内，由于他人从事电力生产工作中的不安全行为造成的人身伤亡。

(5) 职工从事与电力生产有关的工作时，发生由本企业负同等及以上责任的交通事故而造成的人身伤亡。

(6) 职工或非本企业的人员在事故抢险过程中发生的人身伤亡。

(7) 两个及以上企业在同一生产区域从事与电力生产有关的工作时，发生由本企业负同等级以上责任的非本企业人员的人身伤亡。

(8) 非本企业的领导的具备法人资格企业（不论其经济形势如何）承包与电力生产有关的工作中，发生本企业负以下之一责任的人身伤亡：

1) 资质审查不严，承包方不符合要求。

2) 对危险性生产区域内的作业未事先进行专门的安全技术交底，未要求承包方制定安全措施，未配合做好相关的安全措施（含有关设施、设备上设置明确的安全警示标志等）。

3) 开工前未对承包方负责人、工程技术人员和安监人员进行应由发包方进行的全面的安全技术交底，并应有完整的记录。

4) 未签订安全生产管理协议，或协议中未明确各自的安全生产职责和应当采取的安全措施，以及未指定专职安全生产管理人员进行安全检查与协调。

(9) 政府机关、上级管理部门组织有关人员进行检查或劳动时，在生产区域内发生本企业负有责任的上述人员的人身伤亡。

6.1.1.2 电网事故

根据 2011 年 9 月 11 日起实施的《电力安全事故应急处置和调查处理条例》的规定，电网事故可分为特大电网事故、重大电网事故、较大电网事故和一般电网事故。

(1) 特大电网事故。

因电力生产发生重特大事故，引起联锁反应，造成区域电网大面积停电，减供负荷达到事故前总负荷的 80% 以上。

因严重自然灾害引起电力设施大范围破坏，造成区域电网瓦解，两条 110kV 线路持续 4h 无法对区域电网供电。

因发电燃料供应短缺等各类原因引起电力供应严重危机，造成上级电网对区域电网进行拉限负荷，拉限负荷达到正常值的 60% 以上。

因重要变电站、输变电设备遭受毁灭性破坏或打击，造成区域电网大面积停电，并对上级电网安全稳定运行构成严重威胁。

(2) 重大电网事故。

因电力生产发生重特大事故，造成本地减供负荷达到事故前总负荷的 50% 以下。

因严重自然灾害引起电力设施大范围破坏，造成区域电网部分 35kV 线路持续 12h 无法供电。

因发电燃料供应短缺等各类原因引起电力供应危机，造成上级电网对区域电网进行拉限负荷，拉限负荷达到正常值的 40% 以上。

(3) 一般电网事故。

因电力生产发生事故，造成本地减供负荷达到事故前总负荷的 30% 以下。

因严重自然灾害引起电力设施破坏，造成区域电网部分 10kV 线路持续 24h 无法供电。

因发电燃料供应短缺等各类原因引起电力供应危机，造成上级电网对区域电网进行拉限负荷，拉限负荷达到正常值的 20% 以上。

6.1.1.3 电力生产设备事故

电力企业发生设备、设施、施工机械、运输工具损坏，造成直接经济损失超过规定数额的，为电力生产设备事故，如图 6.2 所示。根据《电力生产事故调查暂行规定》，电力生产设备事故可分为重大设备事故和一般设备事故。

（1）装机容量为 400MW 以上的发电厂，一次设备造成两台以上机组非计划停运，并造成全厂对外停电的，为重大设备事故。

（2）电力企业有下列情况之一，未构成重大设备事故的，为一般设备事故。

1）发电厂两台以上机组非计划停运，并造成全厂对外停电的。

2）发电厂升压站 110kV 以上任一电压等级母线全停的。

3）发电厂 200MW 以上机组被迫停止运行，时间超过 24h 的。

图 6.2 电力生产设备事故

4）电网 35kV 以上输变电设备被迫停止运行，并造成对用户中断供电的。

5）水电厂由于水工设备、水工建筑损坏或其他原因，造成水库不能正常蓄水、泄洪或其他损坏的。

6.1.2 电力生产中违章作业

电力生产中的违章作业包括行为违章、装置违章和管理违章。

6.1.2.1 行为违章

行为违章是指现场作业人员在电力建设、运行、检修等生产活动过程中，违反保证安全的规程、规定、制度、反事故措施等的不安全行为。

典型的行为违章如下：

（1）进入作业现场未按规定正确佩戴安全帽。

（2）从事高处作业未按规定正确使用安全带等高处防坠用品或装置。

（3）作业现场未按要求设置围栏，作业人员擅自穿、跨越安全围栏或超越安全警戒线等。

6.1.2.2 装置违章

装置违章是指生产设备、设施、环境和作业使用的工器具及安全防护用品不满足规程、规定、标准、反事故措施等的要求，不能可靠保证人身、电网和设备安全的不安全状态。

典型的装置违章如下：

（1）高低压线路对地、对建筑物等安全距离不够。

（2）高压配电装置带电部分对地距离不能满足规程规定且未采取措施。

（3）待用间隔未纳入调度管辖范围等。

6.1.2.3 管理违章

管理违章是指各级领导、管理人员不履行岗位安全职责，不落实安全管理要求，不执行安全规章制度等各种不安全作为。

典型的管理违章如下：

（1）安全第一责任人不按规定主管安全监督机构。

（2）安全第一责任人不按规定主持召开安全分析会。

（3）未明确和落实各级人员安全生产岗位职责等。

案例分析 1

1. 事故经过

某电厂多经公司检修班职工刁某带领张某检修 380V 直流焊机。电焊机修后进行通电试验良好，并将电焊机开关断开。刁某安排工作组成员张某拆除电焊机二次线，自己拆除电焊机一次线。线路拆除约 170:15，刁某蹲下身子拆除电焊机电源线中间接头，在拆完一相后，拆除第二相的过程中意外触电，经抢救无效死亡。

2. 原因分析

刁某已参加工作 10 余年，一直从事电气作业并获得高级维修电工资格证书；在本次作业中刁某安全意识淡薄，工作前未进行安全风险分析，在拆除电焊机电源线中间接头时，未检查确认电焊机电源是否已断开，在电源线带电又无绝缘防护的情况下作业，导致触电。刁某低级违章作业是此次事故的直接原因。

工作组成员张某虽为工作班成员，在工作中未有效地进行安全监督、提醒，未及时制止刁某的违章行为，是此次事故的原因之一。

3. 防范措施

（1）采取有力措施，加强对现场工作人员执行规章制度的监督、落实，杜绝违章行为的发生。工作班成员要互相监督，严格执行《电业安全工作规程》和企业的规章制度。

（2）所有工作必须执行安全风险分析制度，并填写安全分析卡，安全分析卡保存 3 个月。

（3）完善设备停送电制度，制定设备停送电检查卡。

加强职工的技术培训和安全知识培训，提高职工的业务素质和安全意识，让职工切实从思想上认识作业性违章的危害性。

（4）完善车间、班组"安全生产五同时制度"，建立个人安全生产档案，对不具备本职岗位所需安全素质的人员，进行培训或转岗；安排工作时，要及时了解职工的安全思想状态，以便对每个人的工作进行周密、妥善的安排，并严格执行工作票制度，确保工作人员的安全可控与在控。

（5）各级领导要切实提高对电力多经企业安全生产形势的认识，加大对电力多经企业的安全资金投入力度，加强多经企业人员的技术、安全知识培训，调整人员结构，完善职工劳动保护，加强现场安全管理，确保人员、设备安全，切实转变电力多经企业被动的安全生产局面。

案例分析 2

1. 事故经过

某县局桥下供电所安排对因台风受损较严重的 10kV 梅岱 641 线阜头支线 1～6 号杆进行横担及导线的更换和消缺工作。由于阜头支线 5～6 号杆线下有一运行中的农排线路，因此在进行换线导线牵引过程中,将该农排线路的边线火线绝缘层磨破(该边线为塑料铝芯线),接触后引起换线导线带电导致正在牵引导线的3名民工触电,造成重大人身伤亡事故。

2. 事故原因

工作前由于工作班组未进行现场踏勘,未能及时发现阜头支线5~6号杆下有已运行中的农排线路这一重大事故隐患。

工作负责人工作前布置安全措施,以及工作过程中均没有发现工作区域内跨越低压农排线路,没有做好补充安全措施。

在未进行现场踏勘的情况下,填开工作票。

工作许可人未能及时发现被交跨运行中的农排线路。

工作组成员安全意识淡薄,自我保护意识差。

3. 防范措施

(1) 严格执行"两票三制"等安全工作规程规定,做好现场安全组织措施和技术措施。

(2) 在工作票签发前,工作票签发人和工作负责人要共同到施工现场进行踏勘。

(3) 开工前必须认真履行班前会制度,认真进行危险点分析,组织落实相应的安全措施。

(4) 工作前必须对所有有来电可能的各侧做好停电、验电、挂接地线工作,包括工作区域低压设备的接地。

(5) 放、紧线工作要防止放、紧线工作中施工导线碰触、摩擦、振动其他线路导致其他线路的损坏。

(6) 工作监护人要做到全过程监护,不得擅自加入施工作业或离开工作现场。

(7) 进一步加强反违章工作力度,避免做表面文章和形式主义。

案例分析 3

1. 事故经过

某年10月9日,某施工队在山区敷设架空吊线。下午5时30分左右,天已渐黑,已经放出的钢绞线很难架完,施工队长决定收工。考虑到施工场地是山区,附近没有村民居住,已放出的约400m钢绞线不愿再缠绕到钢绞线盘上。期间有一条小路,为避免晚上有行人从小路通过,可能被路上的钢绞线绊倒,准备把横放在小路上的钢绞线两头挂到电杆上。21个人拉着钢绞线的一端一齐用力向杆上抛,小路两侧的电杆上各有一人用手接钢绞线。结果在钢绞线上抛的瞬间发生了与线路交叉的高压输电线路感应放电。强烈的电流将21人全部击倒在地,距离放电点越近的人被击伤得越严重,有两人造成终生残疾。

2. 事故原因

(1) 违章指挥、违章操作是导致事故发生的主要原因,向空中抛钢绞线是严重的违规操作。

(2) 工作计划不周、处理不得当是导致事故经过的间接原因。

(3) 没有进行有关强电方面的安全知识教育和培训,包括施工队长和安全员也不懂强电知识、放电距离与电压的关系。

3. 主要教训

工作缺乏计划性,施工进度安排不当。放出的钢绞线应当全部紧固到电杆上,不允许散放在施工现场，若当天完不成应将放出的钢绞线收回，因为散放在工地上可能造成丢失或绊倒过路行人。在事故发生后询问当事人，大多数人认为施工点在山区，车辆行人很少，不可能丢失；同时抱有认为当时若不考虑可能绊倒行人，就不会造成电击事故的侥幸心理。本次事故被电击的21人全部为临时工，上岗前没有进行安全教育。

4. 防范措施

(1) 加强检查监督力度，检查各项制度的落实、措施的落实，并对所采取措施效果进行检查。

(2) 加强安全培训，特别是临时工的岗前培训工作，选好培训内容，培训内容应结合工程实际遇到的问题、危险源的存在统一考虑。

(3) 对施工队进行整改，分析违章指挥、违章操作的根源，结合存在问题的症结，制定有效的措施。

温故知新

(1) 电力安全事故主要有哪些类型？
(2) 人身事故等级是如何划分的？
(3) 电力生产设备事故等级是如何划分的？
(4) 请举例说明几种典型的行为违章表现。

6.2 电力生产事故调查与处理

电力生产事故是电力企业的灾害，就事故发生所造成的后果和波及的程度来说，会给家庭、社会乃至国家造成极大的损失和影响。就事故发生的可能性来看，除偶发性外，都有其发生的规律。只有真正把事故发生的原因调查和分析清楚，研究和掌握事故发生的规律，并通过对事故的信息反馈，才能为开展反事故演练、积极预防事故、促进电力生产全过程安全管理提供科学的依据。一旦发生事故后，应立即按照事故的性质、事故发生单位的隶属关系和原国家电力部《电业生产事故调查规程》（DL 558—94）的规定，成立事故调查组，进行事故调查分析。它是"三不放过"原则的组织保证，也是一项积极、严肃的组织管理工作。

6.2.1 事故调查组织

根据国务院《电力安全事故应急处置和调查处理条例》的规定，国务院电力监管机构应当加强电力安全监督管理，依法建立健全事故应急处置和调查处理的各项制度，组织或者参与事故的调查处理。

国务院电力监管机构、国务院能源主管部门和国务院其他有关部门、地方人民政府及有关部门按照国家规定的权限和程序，组织、协调、参与事故的应急处置工作。

事故调查的组织一般根据事故的性质决定。

(1) 特别重大事故由国务院或国务院授权的部门组织事故调查组进行调查。

(2) 重大事故由国务院电力监管机构组织事故调查组进行调查。

(3) 较大事故、一般事故由事故发生地电力监管机构组织事故调查组进行调查。国务院电力监管机构认为必要的,可以组织事故调查组对较大事故进行调查。

(4) 未造成供电用户停电的一般事故,事故发生地电力监管机构也可以委托事故发生单位调查处理。

(5) 一般设备事故的调查由发生事故的单位领导组织调查,安监、生技(基建)部门和有关车间(工地、工区、分场)领导及专业人员参加。对只涉及一个车间(工地、工区、分场)且情节比较简单的一般设备事故,也可以指定发生事故的车间(工地、工区、分场)领导组织调查。对性质严重和涉及两个及以上的发供电单位、施工单位的一般设备事故,上级主管单位应派人参加调查或组织调查。

(6) 配电事故由事故发生部门的领导组织调查,必要时应有安监人员和有关专业人员参加。对性质严重的配电事故,供电局领导应亲自组织调查。

(7) 轻伤事故由事故发生部门的领导组织有关人员进行调查。性质严重时,安监、生技(基建)、劳资等有关人员及工会成员应参加调查。

6.2.2 事故调查

查清事故原因是采取反事故对策、落实防范措施、分清和落实事故责任的关键工作。一定要严肃认真、科学谨慎,切忌敷衍了事,或掩盖事故真相,大事化小、小事化了,致使同类事故得不到真正的控制和预防。在这方面,曾有过许多沉痛的教训,如图 6.3 所示。

6.2.2.1 事故调查的主要工作

(1) 调查掌握事故现场的第一手材料。为了掌握真实的第一手材

图 6.3 漫画:事故调查

料,按照规定,发生事故的单位首先要保护好事故的现场,若因抢险或抢救伤员需要,事故单位要组织好录像、拍照、设置标记、绘制草图、划定警戒线等工作,只有经过安监部门的确认和企业主要领导人的许可后才可以变动现场。

(2) 调查收集事故现场的实况及设备损坏的情况。事故调查组成立后,一般应收集以下资料:

1) 事故现场和设备损坏的情况。
2) 损坏设备的零部件和残留物在现场分布的情况及尺寸图。
3) 各种自动记录或事故前 CRT 画面的复制。
4) 各种电气开关、热力设备系统的位置,阀门和挡板的状态。
5) 故障设备、破口碎片和管道、导线的断面及断口。
6) 人身事故还应调查事故现场环境、气象和人员的防护等。

(3) 调查收集事故发生的"黑匣子"、原始记录及有关参数的情况。一般应收集以下资料:

第6章 电力安全事故分析与处理

1) SOE记录。
2) 故障录波器动作记录。
3) 继电保护动作记录。
4) 自动装置动作记录。
5) 运行记录簿。
6) 运行参数记录表。
7) 事故发生前的有关工作票、操作票。

（4）调查收集事故当时现场人员活动情况的材料。事故的发生往往和现场人员的行为、动作有密切的关系，弄清楚当时人员的位置和动作情况对事故调查极为重要。

首先要了解当时有几个人在场，各人所站的位置在哪里？什么时间在做什么动作？这些情况事故之后或当值人员下班前，由安监部门负责组织有关人员立即各自写出书面材料。要求把事故当时所听到的、看到的、自己所处的位置、在做什么动作或在进行什么工作如实地写出来，并当场交给安监人员。任何人不得拒绝，也不得拖延时间，以保证情况的真实性。

在做这项工作时，要特别注意防止事故过后一段时间才找当事人写材料，这样的材料一般真实性较差，会给事故的调查和分析带来许多困难，或被假象所迷惑，使事故的真正原因无法调配、分析出来。

6.2.2.2 事故调查的原则

事故调查必须按照实事求是、尊重科学的原则，及时、准确地查清事故原因，查明事故性质和责任，总结事故教训，提出整改措施，并对事故责任者提出处理意见。事故调查应做到"四不放过"。

（1）事故原因不清楚不放过。
（2）事故责任者和应受教育者没有受到教育不放过。
（3）没有采取防范措施不放过。
（4）事故责任者没有受到处罚不放过。

6.2.3 事故原因分析

事故原因分析是在事故调查基础上进行的一项十分重要的工作。只有在事故调查掌握真实的全部材料后，通过调查组成员的技术论证、科学计算、模拟试验等，才能找出事故发生的真正原因。事故原因的分析一般应做好以下工作。

（1）综合分析事故的一手资料，列出事故发生、发展过程的时序表。根据继电保护或热工保护的动作情况、各种自动记录、事故发生时的CRT画面复制曲线、SOE或故障录波图，结合运行人员的事故记录，列出一张以秒级为单位的事故发生与发展过程的时间表，再根据各运行岗位人员书面写出的事故经过材料及当事人活动情况，对照运行参数和记录进行仔细的核对分析，取其共同合理点写出一张比较确切、真实的时序表。以分析中的矛盾作为问题，列出调查提纲，作进一步调查和分析，即可写出事故发生、发展的经过，如图6.4所示为日本福岛核电站事故时序表。

（2）查证。查阅有关图纸、资料和相关规程规范，分析掌握材料中的有关参数和曲

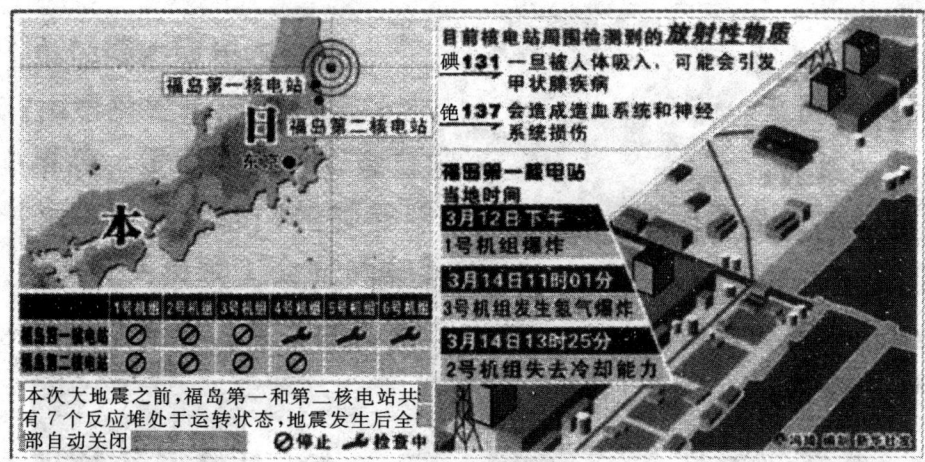

图 6.4　日本福岛核电站事故时序表

线,揭示事故发生的起因。在事故调查的基础上,事故分析一般应查阅以下有关图纸、资料、规程和规章制度:

1)与事故有关的部分规程和现场运行规程,分析是否有由于违反规定制度而造成的事故,同时也可以审查规程和制度本身是否存在漏洞。

2)查阅设备厂家的设备说明书和图纸,研究分析设备本身在结构上有什么先天的缺陷和问题,或者检查运行或检修中是否有不符合厂家技术要求的问题。

3)查阅检修记录和设备缺陷登记簿,检查分析运行参数、检修质量等有无问题。

4)查阅事故发生前的有关工作票、操作票情况,检查分析是否有因工作过程中的违章而造成事故的可能性。

5)查阅运行参数记录和各种运行记录,检查分析运行工况、参数有无很大的变化和问题,设备的正常运行维护及试验工作中有无存在问题。

6)查阅职工的考试记录及培训情况,分析事故处理中有无人员判断失误、处理失误而扩大事故的问题。

7)查阅事故设备的历次试验和检修记录,分析设备事故是否存在潜伏性缺陷发展所造成的问题。

8)查阅与事故相关的资料和文件,检查分析是否有设备在选型、设计、制造、安装、调试中存在的问题等。

(3)进行必要的计算和模拟试验。除经过对事故现场及设备的相关部分进行详细的观察分析外,为了确定事故的原因,可以采用模拟试验、化验和计算等手段来取得必要的证据。一般比较重大的设备事故往往采用这样一些办法取证,且具有比较高的权威性。

(4)召开有关人员座谈会以获取第一手材料之外的有关事故信息。对有些事故原因不明,又没有办法进行试验或论证的事故,通过集思广益获取有关人员对事故掌握的信息和分析意见,往往会取得意外的收获,能对事故调查和分析起到柳暗花明的作用,如图 6.5 所示。在召开这方面座谈会的时候,应注意吸收有关方面有专长的人员参加。

(5)耐心、细致地做好当事人的思想工作。事故发生后,当事人往往心事重重,背上

图 6.5 事故座谈会

沉重的思想包袱。有的当事人为开脱事故的责任和减轻对自己的处理，不把真实的情况讲出来，会给事故调查带来困难。这就要求事故调查者要有做耐心细致思想工作的能力，使事故当事人提高思想认识，打消顾虑，道出真情，这样会使事故的调查少走许多弯路，避免误入歧途而作出错误的结论。

6.2.4 事故的报告与统计

6.2.4.1 事故报告的分类

事故报告分为即报、月报和结案报告3类。

电力企业发生事故后，应当按照国家有关规定，及时向上级主管单位和当地人民政府有关部门如实报告。

电力企业发生重大以上的人身事故、电网事故、设备事故或火灾事故，电厂垮坝事故及对社会造成严重影响的停电事故，应当立即将事故发生的时间、地点、事故概况、正在采取的紧急措施等情况向电监会报告，最迟不得超过24h。

事故报告的内容如下：

(1) 事故发生的时间、地点、单位。

(2) 事故简要经过、伤亡人数、直接经济损失的初步估计。

(3) 事故发生原因的初步判断。

(4) 事故发生后采取的措施及事故控制情况。

(5) 事故报告单位及时间。

一般事故和人身轻伤事故，在每月的月报中进行报告。

6.2 电力生产事故调查与处理

对人身死亡、重伤事故，重、特大事故和给社会造成严重影响的事故，由事故调查组在事故调查结束后，写出《事故调查报告书》报有关主管和政府部门。

6.2.4.2 事故的统计报表

电力生产企业的事故统计报表分为《事故报告》《事故调查报告书》《事故综合月（年）报表》和《年度安全考核项目报表》四大类。

《事故报告》分为《人身伤亡事故报告》《设备事故报告》和《设备一类障碍报告》3种。

《事故调查报告书》分为《人身伤亡事故调查报告书》和《设备事故调查报告书》两种。

《事故综合月（年）报表》分为《人身伤亡事故综合月（年）报表》Ⅰ、Ⅱ、Ⅲ，《发电设备（一类障碍）综合月（年）报表》Ⅰ、Ⅱ和《供电设备事故（一类障碍）》综合月（年）报表》Ⅰ、Ⅱ共7种。

《年度安全考核项目报表》分为《年度发电安全考核项目报表》Ⅰ、Ⅱ和《年度供电安全考核项目报表》Ⅰ、Ⅱ共4种。

6.2.5 事故责任与处理

在事故调查、查清事故发生原因的基础上，根据国家、行业的有关规定进行事故处理。

6.2.5.1 事故责任

在事故处理中，先要落实事故的责任，要按照事故的大小和性质进行处理。根据事故调查所确认的事实，通过对直接原因和间接原因的分析，确定事故中的直接责任者和领导责任者。在直接责任者和领导责任者中，根据其在事故发生过程中的作用，确定主要责任者、次要责任者和扩大责任者，并确定各级领导对事故的责任。

凡因下列情况造成事故的，根据有关法规，要追究有关领导者的责任：

（1）违反安全职责，或企业安全生产责任制不落实的（图6.6）。

图6.6 漫画：我们一直很重视安全生产

(2) 对贯彻上级和本单位提出的安全工作要求和反事故措施不力的。
(3) 对频发的重复性事故不能有力制止的。
(4) 对职工培训不力、考核不严，造成职工不能安全操作的。
(5) 现场规程制度不健全的。
(6) 现场安全防护装置、安全工器具和个人劳保用品不全或不合格的。
(7) 重大设备缺陷未及时组织排除的。
(8) 违章指挥，强令职工冒险作业的。
(9) 上级已有事故通报，防范措施不落实而发生同类事故的。
(10) 对职工违章行为不制止或视而不见而发生事故的。

6.2.5.2 事故处理

事故责任确定后，按照人事管理的权限对事故的责任者提出处理意见，经主管部门审核批准后，公开事故处理的结果。对下列情况应从严处理：

(1) 因忽视安全生产，违章指挥、违章作业，玩忽职守或发现事故隐患、危害情况不采取有效措施，造成严重后果的，对责任人员要依法追究刑事责任。
(2) 在事故调查中采取弄虚作假、隐瞒真相或以各种方式进行阻挠者。
(3) 在事故发生后隐瞒不报、谎报或故意迟延不报、故意破坏现场或无正当理由拒绝接受调查，以及拒绝提供有关情况和资料者（图 6.7）。

对在事故处理中积极恢复设备运行、救护和安置伤亡人员，并主动反映事故真相，使事故调查顺利进行的有关事故责任者，可酌情从宽处理。

6.2.6 事故隐患的管理

没有事故不等于没有事故隐患。许多事故，往往是由于对事故的隐患没有正确认识和对待，或者对隐患没有采取有效的对策和措施而发生的，这方面有许多血的教训。要以"隐患险于明火，防范胜于救灾，责任重于泰山"的精神，认真对待事故隐患，采取有效的措施消除事故隐患、控制事故发生。这是我们责无旁贷的责任，也是贯彻"安全第一、预防为主"方针的主要工作任务。

图 6.7 漫画：事故隐瞒不报，终害自己

6.2.6.1 事故隐患的分级

按照原劳动部颁发的《重大事故隐患管理规定》，重大事故隐患是指可能导致重大人身伤亡或重大经济损失的事故隐患。按可能导致事故损失的程度可分为两级，即特别重大事故隐患（指可能造成死亡 50 人以上，或直接经济损失 1000 万元以上）和重大事故隐患

(指可能造成死亡 10 人以上，或直接经济损失 500 万元以上）。按类型可分为人身重大事故隐患和设备重大事故隐患两大类。

6.2.6.2 事故隐患的报告

按照《国务院安委会办公室关于实行安全生产事故隐患排查治理情况月通报的通知》（安委办〔2012〕23 号）和《电监会关于深入开展电力安全生产隐患排查治理工作的通知》（办安全〔2012〕21 号）的要求，电监会各派出机构和电力企业厂总部每月汇总上报本地区、本企业开展电力安全生产隐患排查治理情况，对开展隐患排查治理企业和单位、重大隐患排查治理及挂牌督办、治理资金等情况进行重点分析，查找存在问题，制定工作措施。

电力监管机构和电力企业要根据实际，每月对所辖地区和所属单位隐患排查治理工作情况进行通报。

事故隐患报告书一般要求有下列内容：

（1）事故隐患的类别。
（2）事故隐患的等级。
（3）可能影响的范围和影响的程度。
（4）整改的措施和目标。

6.2.6.3 事故隐患的组织管理

（1）存在事故隐患的单位，应成立由法人代表或法人代表的代理人为组长的事故隐患领导小组，负责对事故隐患的组织管理工作，制定具体的整改计划和整改目标。对一时尚不能整改的隐患，应提出应急的方案，随时掌握其发展动态并及时进行处置和报告，做到思想到位、责任到位、措施到位、检查考核到位，如图 6.8 所示。

图 6.8　在事故隐患点设置安全警示牌

(2) 对人身事故隐患方面，如作业环境、安全装置、劳动保护和劳动条件、人员技术素质等可能造成事故的，法人代表要按职能的分工，责成有关部门限期整改和解决，工会监察、劳动人事部门实施监督。

(3) 对设备事故隐患方面，如设备超周期、超负荷、超极限运行，一时无法停下来的，要组织好有关工程技术人员进行研讨，提出解决的办法和改造方案，责成有关部门攻关，限期解决。

(4) 对火灾、自然灾害等，应做好一切思想准备、物质准备，做好紧急处置的方案，力争把事故的损失降到最低程度。牢固树立保人身、保电网、保设备和对人民生命、国家财产高度负责的思想，必要时采取果断应急措施，做到该停就停，确保安全。

知识拓展——较大事故调查处理流程图（图6.9）

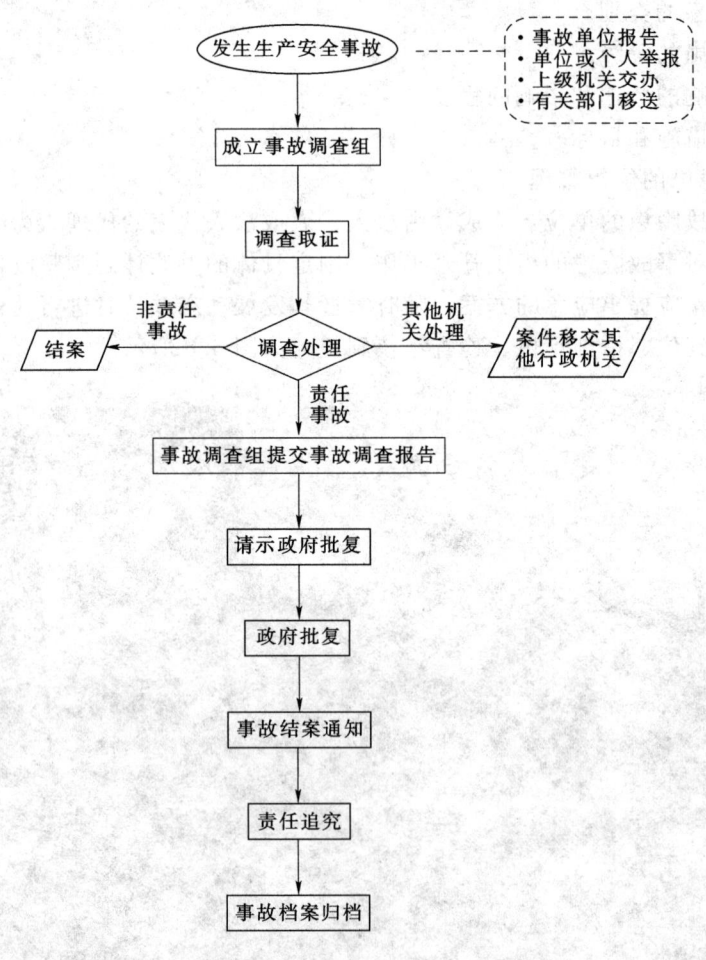

图6.9 较大事故调查处理流程

温故知新

(1) 按照规定，应如何组建电力生产事故的调查组织？

(2) 进行电力生产事故调查应做好哪些主要工作？
(3) 事故调查"四不放过"原则的内容是什么？
(4) 进行事故原因分析一般应做好哪些工作？
(5) 事故报告的内容有哪些？
(6) 哪些情况造成事故要追究领导者的责任？
(7) 按照规定，事故隐患应如何处理？

第7章 安全生产法律法规常识

7.1 我国安全生产方针及内容

7.1.1 我国的安全生产方针

在2006年中共中央政治局第三十次学习会议上，胡锦涛同志根据我国现阶段安全生产的实际，提出了安全生产工作的方针是"安全第一、预防为主、综合治理"。

党的十六届五中全会通过的"十一五"规划《建议》，明确要求坚持安全发展，并提出了"坚持安全第一、预防为主、综合治理"的安全生产方针。这一方针反映了我们党对安全生产规律的新认识，对于指导新时期安全生产工作具有重大而深远的意义。2014年颁布施行的《中华人民共和国安全生产法》（以下简称《安全生产法》）围绕这个方针制定了相关的基本法律制度，保证了"安全第一、预防为主、综合治理"方针的落实，是安全生产工作应遵循的最高准则。

"安全第一、预防为主、综合治理"基本方针的主要内容如下：

（1）坚持安全第一。安全第一就是在生产过程中把安全放在第一重要的位置上，切实保护劳动者的生命安全和身体健康。这是我们党长期以来一直坚持的安全生产工作方针，充分表明了我们党对安全生产工作的高度重视、对人民群众根本利益的高度重视。在新的历史条件下坚持安全第一，是贯彻落实以人为本的科学发展观、构建社会主义和谐社会的必然要求。以人为本，就必须珍爱人的生命；科学发展，就必须安全发展；构建和谐社会，就必须构建安全社会。坚持安全第一的方针，对于捍卫人的生命尊严、构建安全社会、促进社会和谐、实现安全发展具有十分重要的意义。因此，在安全生产工作中贯彻落实科学发展观，就必须始终坚持安全第一。

（2）坚持预防为主。预防为主就是把安全生产工作的关口前移，超前防范，建立预教、预测、预想、预报、预警、预防的递进式、立体化事故隐患预防体系，改善安全状况，预防安全事故。在新时期，预防为主的方针又有了新的内涵，即通过建设安全文化、健全安全法制、提高安全科技水平、落实安全责任、加大安全投入，构筑坚固的安全防线。具体地说，就是促进安全文化建设与社会文化建设的互动，为预防安全事故打造良好的"习惯的力量"；建立健全有关法律法规和规章制度，如《安全生产法》，安全生产许可制度，"四同时"制度，隐患排查、治理和报告制度等，依靠法制的力量促进安全事故防范；大力实施"科技兴安"战略，把安全生产状况的根本好转建立在依靠科技进步和提高劳动者素质的基础上；强化安全生产责任制和问责制，创新安全生产监管体制，严厉打击安全生产领域的腐败行为；健全和完善中央、地方、企业共同投入机制，提升安全生产投入水平,增强基础设施的安全保障能力。

(3) 坚持综合治理。综合治理是指适应我国安全生产形势的要求,自觉遵循安全生产规律,正视安全生产工作的长期性、艰巨性和复杂性,抓住安全生产工作中的主要矛盾和关键环节,综合运用经济、法律、行政等手段,人管、法治、技防多管齐下,并充分发挥社会、职工、舆论的监督作用,有效解决安全生产领域的问题。实施综合治理,是由我国安全生产中出现的新情况和面临的新形势决定的。在社会主义市场经济条件下、利益主体多元化,不同利益主体对待安全生产的态度和行为差异很大,需要因情制宜、综合防范;安全生产涉及的领域广泛,每个领域的安全生产又各具特点,需要防治手段的多样化;实现安全生产,必须从文化、法制、科技、责任、投入等入手,多管齐下,综合施治;安全生产法律政策的落实,需要各级党委和政府的领导、有关部门的合作以及全社会的参与;目前我国的安全生产既存在历史积淀的沉重包袱,又面临经济结构调整、增长方式转变带来的挑战,要从根本上解决安全生产问题,就必须实施综合治理。从近年来安全监管的实践特别是有关执法的实践来看,综合治理是落实安全生产方针政策、法律法规的最有效手段。因此,综合治理具有鲜明的时代特征和很强的针对性,是我们党在安全生产新形势下作出的重大决策,体现了安全生产方针的新发展。

"安全第一、预防为主、综合治理"的安全生产方针是一个有机统一的整体。安全第一是预防为主、综合治理的统帅和灵魂,没有安全第一的思想,预防为主就失去了思想支撑,综合治理就失去了整治依据。预防为主是实现安全第一的根本途径。只有把安全生产的重点放在建立事故隐患预防体系上,超前防范,才能有效减少事故损失,实现安全第一。综合治理是落实安全第一、预防为主的手段和方法。只有不断健全和完善综合治理工作机制,才能有效贯彻安全生产方针,真正把安全第一、预防为主落到实处,不断开创安全生产工作的新局面。

7.1.2 发生事故的基本原因

(1) 违章作业。不遵守安全工作规程和操作规程,无工作票作业、搭票作业;擅自扩大工作范围;安全措施不全,安全监督不到位;高空作业不系安全带;开工时不交代安全注意事项,收工时不检查设备状态;在运行设备上违章清理和检修或违章跨越运行设备等。

(2) 违章操作。违章操作包括:不检查设备状况,开出错误操作票;不看运行图和运行记录、不核实现场设备状况,凭记忆填写停电申请票;不按调度令操作,不按操作票命令,漏项越项操作;擅自解除闭锁,违规操作;不模拟操作,无票操作;无操作票,无人监护操作;监护不严,监护人和操作人同时操作;不唱票、不复诵、不核对设备编号操作;不先验电而装设接地线或合接地隔离开关;群体违章,不模拟、不开操作票、不验电。

(3) 工作不负责任,违反劳动纪律,纪律松弛,迟到早退,擅自离开岗位,上班串岗,工作不负责任造成事故。如运行人员当班不做记录,交班不交代清楚;操作时思想不集中,操作马虎;工作时不服从监护,不按规定穿工作服、戴安全帽,严重违章违纪;工作时间离开岗位,在不安全的地方打瞌睡;班前酗酒,酒后工作无人制止等。

(4) 人员素质低。低素质的人员主要表现在：缺乏高度的事业心和强烈的责任感；缺乏良好的安全意识和熟练的职业技能；缺乏遵章守纪和严肃认真、一丝不苟的工作作风。

(5) 忽视安全生产。安全管理工作上存在严重偏差，忽视抓安全保证体系的工作，没有切实抓好安全教育和安全培训，没有落实各级人员安全责任制和各项安全措施。

(6) 安全管理松懈。未建立健全完善的规章制度、规程；不认真执行规章制度和规程；没有健全的安全监察和质量检验机构，使规章制度和标准无法落实，不注意安全宣传和安全教育，不进行有效的安全管理等，导致安全管理混乱。

(7) 设备未定期检修或检修质量差。电力生产设备应定期检修，不定期检修消除缺陷，会使设备潜伏的缺陷引起事故。或检修不注意质量，不符合检验标准，则投入运行很可能达不到预期运行时间和效果或发生事故。

(8) 设备存在隐患造成误动或拒动。

7.2 安全生产法律法规与法律制度

我国以《安全生产法》为代表的一系列法律法规，形成了以"安全第一、预防为主、综合治理"为方针的一系列法律法规制度，如安全生产监督管理制度、生产安全事故报告制度、事故应急救援与调查处理制度、事故责任追究制度等，电业安全工作规程、安全生产工作规定等，保证了安全生产的顺利进行。

7.2.1 安全生产主要法律法规

7.2.1.1 《安全生产法》相关知识

《安全生产法》适用于各个行业的生产经营活动。它的根本宗旨是保护从业人员在生产经营活动中应享有的保证生命安全和身心健康的权利。

从事电力生产特种作业人员需要掌握《安全生产法》中的以下主要内容：

(1) 从业人员享有 5 项权利。

1) 知情、建议权。《安全生产法》第五十条规定："生产经营单位的从业人员有权了解其作业场所和工作岗位存在的危险因素、防范措施及事故应急措施，有权对本单位的安全生产工作提出建议。"

2) 批评、检举、控告权。《安全生产法》第五十一条规定："从业人员有权对本单位安全生产工作中存在的问题提出批评、检举、控告；……生产经营单位不得因从业人员对本单位安全生产工作提出批评、检举、控告……而降低其工资、福利等待遇或者解除与其订立的劳动合同。"

3) 合法拒绝权。《安全生产法》第五十一条规定："从业人员……有权拒绝违章指挥和强令冒险作业。……生产经营单位不得因从业人员……拒绝违章指挥、强令冒险作业而降低其工资、福利等待遇或者解除与其订立的劳动合同。"

4) 遇险停止、撤离权。《安全生产法》第五十二条规定："从业人员发现直接危及人身安全的紧急情况时，有权停止作业或者在采取可能的应急措施后撤离作业场所。

生产经营单位不得因从业人员在前款紧急情况下停止作业或者采取紧急撤离措施而降

低其工资、福利等待遇或者解除与其订立的劳动合同。"

5）保（险）外索赔权。《安全生产法》第五十三条规定："因生产安全事故受到损害的从业人员，除依法享有工伤社会保险外，依照有关民事法律尚有获得赔偿的权利的，有权向本单位提出赔偿要求。"

（2）从业人员义务。从业人员还应该依法履行下列义务：

1）遵章作业的义务。《安全生产法》第五十四条规定："从业人员在作业过程中，应当严格遵守本单位的安全生产规章制度和操作规程，服从管理……"。

2）佩戴和使用劳动防护用品的义务。《安全生产法》第五十四条规定："从业人员在生产过程中，应当正确佩戴和使用劳动防护用品。"

3）接受安全生产教育培训的义务。《安全生产法》第五十五条规定："从业人员应当接受安全生产教育和培训，掌握本职工作所需的安全生产知识，提高安全生产技能，增强事故预防和应急处理能力。"

4）安全隐患报告义务。《安全生产法》第五十五条规定："从业人员发现事故隐患或者其他不安全因素，应当立即向现场安全生产管理人员或者本单位负责人报告；接到报告的人员应当及时予以处理。"

（3）对特种作业人员的规定。《安全生产法》第二十七条规定："生产经营单位的特种作业人员必须按照国家有关规定经专门的安全作业培训，取得特种作业操作资格证书，方可上岗作业。"

7.2.1.2 《中华人民共和国劳动法》相关知识

特种作业人员需要掌握的《中华人民共和国劳动法》（简称《劳动法》）中的主要内容如下：

（1）第五十四条："用人单位必须为劳动者提供符合国家规定的劳动安全卫生条件和必要的劳动防护用品，对从事有职业危害作业的劳动者应当定期进行健康检查。"

（2）第五十五条："从事特种作业的劳动者必须经过专门培训并取得特种作业资格。"

（3）第五十六条："劳动者在劳动过程中必须严格遵守安全操作规程。劳动者对用人单位管理人员违章指挥、强令冒险作业，有权拒绝执行；对危害生命安全和身体健康的行为，有权提出批评、检举和控告。"

从以上内容中可知，特种作业人员必须取得两证才能上岗：一是特种作业资格证（技术等级证）；二是特种作业操作资格证（即安全生产培训合格证）。两证缺一即可视为违法上岗或违法用工。

7.2.1.3 《中华人民共和国矿山安全法》相关知识

《中华人民共和国矿山安全法》（简称《矿山安全法》）第九条规定："矿山涉及下列项目必须符合矿山安全规程和行业技术规范。

（1）矿井的通风系统和供风量、风质、风速。

（2）露天矿的边坡角和台阶的宽度、高度。

（3）供电系统。

（4）提升、运输系统。

（5）防水、排水系统和防火、灭火系统。

(6) 防瓦斯系统和防尘系统。

(7) 有关矿山安全的其他项目。"

《矿山安全法》第二十六条规定："矿山企业必须对职工进行安全教育、培训；未经安全教育、培训的，不得上岗作业。"

矿山企业安全生产的特种作业人员必须接受专门培训，经考核合格取得操作资格证书的，方可上岗作业。

7.2.1.4 相关电力企业有关规定

电力生产需要大批电力从业人员，有关电力企业在认真贯彻国家安全生产法的同时，结合电力生产的实际，依据原能源部颁布的《电业安全工作规程》，制定了结合自己企业实际的有关安全工作规程，如国家电网公司颁布的《电力安全工作规程》（变电部分、线路部分），保证了电力企业在生产中执行《电业安全工作规程》的适时性、实用性和全面性。

7.2.2 安全生产监督管理制度

《安全生产法》从不同的方面规定了安全生产的监督管理，政府及其有关部门和社会力量的监督如下：

(1) 县级以上地方各级人民政府的监督管理。

(2) 负有安全生产监督管理职责的部门的监督管理。

(3) 监察机关的监督。

(4) 对安全生产社会中介机构的监督。

(5) 社会公众的监督。

(6) 新闻媒体的监督。

7.2.2.1 安全生产法律的事故报告制度

《安全生产法》以及国务院（302号令）《关于特大安全事故行政责任追究的规定》等法律法规都构成我国安全生产法律的事故报告制度。

(1) 事故隐患报告。生产经营单位一旦发现事故隐患，应立即报告当地安全生产综合监督管理部门和当地人民政府及其有关主管部门。

对重大事故隐患，经确认后，生产经营单位应编写重大事故隐患报告书，报送省级安全生产综合监督管理部门和有关主管部门，并同时报送当地人民政府及有关部门。

重大事故隐患报告书应包括7部分内容：①事故隐患类别；②事故隐患等级；③影响范围；④影响程度；⑤整改措施；⑥整改资金来源及其保障措施；⑦整改目标。

《安全生产法》第七十一条明确规定："任何单位或个人对事故隐患或者安全生产的违法行为，均有权报告或者举报。"第七十三条特别规定："县级以上各级人民政府及其有关部门对报告重大事故隐患或者举报安全生产违法人员的有功人员，给予奖励。"

(2) 生产安全事故报告。生产安全事故报告必须坚持及时准确、客观公正、实事求是、尊重科学的原则，以保证事故调查处理的顺利进行。

1) 生产经营单位内部的事故报告。《安全生产法》第八十条第一款规定："生产经营单位发生生产安全事故后，事故现场有关人员应当立即报告本单位负责人。"

2）生产经营单位的事故报告。《安全生产法》第八十条第二款规定："（生产经营）单位负责人接到事故报告后……按照有关规定立即如实报告，对负有安全生产监督管理职责的部门，不得隐瞒不报、谎报或者拖延不报……"

7.2.2.2　事故应急救援与调查处理制度

为了防止和减少生产安全事故，遏制生产安全事故的频繁发生，减少事故中的人员伤亡和财产损失，建立生产安全事故应急救援体系是必要的。

（1）事故应急救援制度的要求。县级以上地方各级人民政府应当组织有关部门制定本行政区域内特大生产安全事故的应急救援预案；县级以上地方各级人民政府负责建立特大生产安全事故的应急救援体系；危险物品的生产、经营、储存单位以及矿山、建筑施工单位应当建立应急救援组织；以上单位生产经营规模较小时，也可以不建立应急救援组织，但应当指定兼职的应急救援人员；危险物品的生产、经营、储存单位以及矿山、建筑施工单位配备的所有应急救援器材和设备要进行经常性维修和保养，按要求及时废弃和更新，保证应急救援器材和设备的正常运转。

（2）生产安全事故的调查处理制度。

1）事故调查处理的原则：及时准确、客观公正、实事求是、尊重科学。

2）事故的具体调查处理必须坚持"四不放过"：事故原因和性质不查清不放过；防范措施不落实不放过；事故责任者和职工群众未受到教育不放过；事故责任者未受到处理不放过。

3）事故调查组的组成：因伤亡事故等级不同而由不同的单位、部门的人员组成。

4）事故调查组的职责和权利。

5）生产安全事故的结案。

6）生产安全事故的统计和公布。

7.2.2.3　事故责任追究制度

《安全生产法》明确规定：国家实行生产安全事故责任追究制度。任何生产安全事故的责任人都必须受到相应的责任追究。

生产安全事故责任人员既包括生产经营单位中对造成事故负有直接责任的人员，也包括生产经营单位中对安全生产负有领导责任的单位负责人，还包括有关人民政府及其有关部门对生产安全事故的发生负有领导责任或有失职、渎职情形的有关人员。

正确贯彻这一制度应当注意：①客观上必须有生产安全事故的发生；②承担责任的主体必须是事故责任人；③必须依法追究责任。

目前，关于追究生产安全事故责任除有关法律、行政法规外，还包括一些地方性法规和规章及相应企业规程等也对责任追究作了相应的规定。在法律责任种类上，不仅包括行政责任，而且包括民事责任和刑事责任。

7.2.2.4　特种作业人员持证上岗制度

特种作业是指容易发生人员伤亡事故，对操作者本人、他人及周围设施的安全可能造成重大危害的作业。直接从事特种作业的人员称为特种作业人员。安全生产法律法规对特种作业人员的上岗条件作了详细而明确的规定，特种作业人员必须持证上岗。

（1）电工特种作业及人员范围。电工作业属特种作业，其作业人员范围包括发电、送电、变电、配电工,电气设备的安装、运行、检修(维修)、试验工,矿山井下电钳工。

(2) 特种作业电工人员基本条件。其基本条件主要有3个:①年龄满18周岁;②无妨碍从事电工作业的病症和生理缺陷(应经医生鉴定);③初中以上文化程度。对煤矿井下电工作业人员另有规定。

(3) 电工特种作业人员技术要求。

1) 熟练掌握现场电击急救方法和保证安全的技术措施、组织措施;熟练、正确使用常用电工仪器、仪表;掌握安全用具的检查内容并正确使用;会正确选择和使用灭火器材。

2) 低压运行维修作业人员应熟练掌握异步电动机的控制接线,如单方向运行、可逆运行等;熟练掌握异步电动机启动方法及接线(自耦减压启动、Y/△启动等);能够安装使用剩余电流保护装置;能熟练进行常用灯具的接线、安装和拆卸;能够正确选择导线截面、接线导线。

3) 高压运行维修作业人员应熟练掌握变压器巡视检查内容和常见故障的分析方法;熟练掌握10kV断路器的巡视检查项目并能处理一般故障;能够进行仪用互感器运行要求、巡视检查和维护作业;能正确进行户外变压器安装作业;能安装、操作高压隔离开关和高压负荷开关,并能够进行巡视检查和一般故障处理;熟练掌握高压断路器的停、送电操作顺序;能分析与处理继电保护动作、跳闸故障;能安装阀型避雷器并进行巡视检查;熟练掌握本岗位电力系统接线图、运行方式;能正确填写倒闸操作票;能熟练进行停、送电倒闸操作。

4) 矿山电工作业人员除具备上述一般技术要求外,还应注重矿山电工作业特点。

5) 电工作业人员应掌握电击急救技术。

(4) 培训与考核。《特种设备作业人员监督管理办法》规定:"用人单位应当加强作业人员安全教育和培训,保证特种设备作业人员具备必要的特种设备安全作业知识、作业技能和及时进行知识更新。没有培训能力的,可以委托发证部门组织进行培训。"

特种作业电工人员必须积极主动参加培训与考核,这既是法律法规规定的,也是自身工作、生产及生命安全的需要。

7.2.3 特种作业人员安全生产职业规范与岗位职责

安全生产职业规范与职业道德是密切联系的。对于特种作业人员,由于其工作的特殊性与危险性,严格按照岗位责任职责的要求做好本职工作,是遵守职业道德的起码要求。

7.2.3.1 基本职业道德要求

(1) 爱岗、尽责。爱岗就是热爱自己的岗位,热爱自己的职业;尽责就是按照岗位的职业道德要求尽职尽责地完成自己的工作任务。爱岗与尽责是统一的。爱岗不仅表现在情感上、语言上,更应该表现在工作过程中。对自己所承担的工作、加工的产品认真负责、一丝不苟,这就是尽责。

(2) 文明、守则。文明是一种内在的品质,表现在各个方面,工作、劳动中更能体现一个人的文明程度;守则是指遵守上下班制度、遵守操作规程等。文明与守则是统一的,现代社会要求人们不管以前是否熟悉,都要互相协作,遵守必要的规则。作为一个特种作业人员，应当自觉严格按制度和规程办事。

7.2.3.2 特种作业人员应当具备的职业道德

（1）安全为公的道德观念。特种电工作业不仅对操作者本人有较大危险，对周围的人和物都有较大危险，一旦发生事故，殃及的人和财物范围广、损害大，所以每个特种电工作业人员不仅要保证自身的安全，还要有安全为大家的道德观念。

（2）精益求精的道德观念。产品性能是否安全可靠，与加工质量、操作精度密切相关。一个特种作业人员对自己加工的产品在质量、精度上应有更高的标准，精益求精是每一个特种作业人员应有的工作态度和道德观念。

（3）好学上进的道德观念。好学上进、勇于钻研是特种作业人员应当具备的又一道德品质。特种作业多具有危险性、重要性和复杂性的特点，为了保证长期胜任本职工作，特种作业人员还必须好好学习、善于钻研。通过学习，一方面尽快掌握现有的设备、技术，为保证生产安全打下坚实的基础；另一方面在允许的条件下，还可以进一步改进设备，使其达到本质安全型设备的要求。

7.2.3.3 特种作业人员安全生产岗位职责

（1）认真执行有关安全生产规定，对所从事工作的安全生产负直接责任。

（2）各岗位专业人员必须熟悉本岗位全部设备和系统，掌握构造原理、运行方式和特性。

（3）在值班、作业中严格遵守安全作业的有关规定，并认真落实安全生产防范措施，不准违章作业。

（4）严格遵守劳动纪律，不迟到、不早退，提前进岗做好班前准备工作，值班中未经批准，不得擅自离开工作岗位。

（5）工作中不做与工作任务无关的事情，不准擅自乱动与自己工作无关的机具设备和车辆。

（6）经常检查作业环境及各种设备、设施的安全状态，保证运行、备用、检修设备的安全，设备发生异常和缺陷时，应立即进行处理并及时联系汇报，不得让事态扩大。

（7）定期参加班组或有关部门组织的安全学习，参加安全教育活动，接受安全部门或人员的安全监督检查。

（8）发生因工伤亡及未遂事故要保护现场，立即上报，主动积极参加抢险救援。

除了明确岗位职责外，还应该加强监督检查考核，以便促进岗位职责的落实，促进安全生产。

7.2.4 做好安全生产工作、防止事故发生

安全工作关系到国家财产和人民生命的安全，关系到企业的经济效益和人民群众的切身利益，关系到社会的稳定和安定团结。因此，必须做好生产的安全工作，防止事故发生。

（1）坚持"安全第一、预防为主、综合治理"的基本方针。

"安全第一、预防为主、综合治理"是我国安全生产的基本方针。为了避免安全事故的发生，扎扎实实、认真细致地做好安全预防工作，要防患于未然，把工作的重点放在预

测、预控、预防上。

（2）认真执行有关法律、法规，落实各级安全生产责任制。

认真贯彻执行《安全生产法》及与之配套的各项法律、法规，防止各类事故的发生，为安全生产提供良好条件。

（3）建立、健全安全生产管理机构，加强安全监察工作。

根据安全生产的需要，建立、健全安全监察和安全生产管理体系，建立各级安全管理机构。各企业设置由企业安全监督人员、车间安全员、班组安全员组成的二级安全网。安全受理机构和安全网均应下级接受上级的安全监督。

要加强安全监察体系的建设，安全监察人员要熟悉业务，实事求是，作风正派，勇于坚持原则，秉公办事，自觉和模范地执行有关法律、法规、规程、规定、制度，尽职尽责地做好本职工作。

（4）治理隐患，落实反事故措施，提高设备完好率。

提高设备完好率是提高安全生产工作水平的硬件基础。抓紧治理隐患，特别是治理重大隐患是有效防止重大、特大事故发生的重要环节。加强设备维护，提高检修质量，及时消除事故隐患，要把重大事故隐患的辨识、评价、整改列入重要议事日程，对随时可能发生的重大隐患，必须采取果断措施，坚决整改，不能存有任何侥幸心理和麻痹思想。要注意改善设备性能，增加和完善保证安全的技术手段，使设备经常保持良好状态。

（5）提高安全生产管理水平。

1）提高安全生产水平，必须强化管理，必须从"严、细、实"3个字做起。"严"就是要严格管理；"细"就是要深入实际，从细微处做起，控制轻伤，防止重伤，杜绝死亡，以控制异常，减少障碍，防止事故，杜绝重大、特大事故；"实"就是踏踏实实，从实际出发，一切工作必须讲实效，狠抓落实。

2）提高安全生产水平，必须实行科学管理。一是实施科学兴安，积极采用新技术、新工艺、新装备，提高作业装备水平，保证安全生产工作的投入，提高技术防范能力和作业装备水平；二是实行科学管理，积极应用先进科学的管理手段，开展安全性评价和风险评估，提高防范能力；三是建立应急机制，制定事故应急预案，提高事故的处置能力。

3）提高安全水平，必须思想教育和机制建设双管齐下，做到安全意识与安全责任和奖罚同时到位。一方面要加强对职工的安全思想教育，提高职工的安全意识；另一方面要重点加强安全管理的机制建设，强化安监工作。要严格监督与考核，真正体现以责论处、重奖重罚，实现责权利的相互统一，充分调动全体职工的积极性，真正使职工从"要我安全"到"我要安全"的思想转变。

温故知新

（1）我国为什么要贯彻"安全第一、预防为主、综合治理"的安全生产方针？

（2）从业人员的安全生产权利和义务有哪些？

（3）特种作业人员应当具备的职业道德观念有哪些？

（4）简要说明特种作业电工人员应如何遵守岗位职责。

（5）电业作业中发生安全事故的基本原因有哪些？

第8章 电气安全技术实训

8.1 电力电缆的绝缘电阻测量

8.1.1 训练目的

(1) 掌握绝缘电阻表的检查和正确使用。
(2) 学会用绝缘电阻表测量电缆的绝缘电阻。
(3) 培养电工作业的安全意识。

8.1.2 准备工作

(1) 300mm活动扳手两把,2500V绝缘电阻表一块(ZC-7型)。
(2) 切断被测电缆电源,并将电缆放电。
(3) 检查绝缘电阻表性能。

8.1.3 操作步骤

(1) 测量前先对绝缘电阻表进行检查。绝缘电阻表不接线,摇动绝缘电阻表摇柄,看指针是否能都停在"∞"处;将接线柱"L"与"E"短接,缓慢摇动绝缘电阻表摇柄,看指针是否会在"0"处。如满足这两个要求,说明绝缘电阻表工作正常;否则需更换绝缘电阻表。

(2) 打开电缆头并将电缆放电。

(3) 接线柱"L"接电缆芯线,"E"接电缆金属外皮,接线柱"G"引线缠绕在电缆的屏蔽纸上,如图8.1所示。

(4) 线路接好后,按顺时针方向由慢到快摇动绝缘电阻表摇柄,当调速器发生滑动时,说明绝缘电阻表达到了额定转速(120r/min),并输出额定测试电压。保持均匀转速(120r/

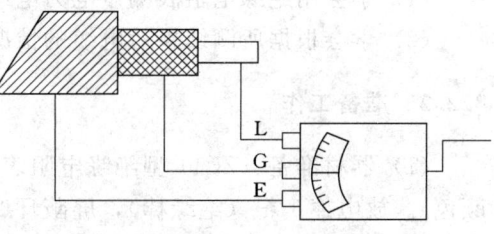

图8.1 测量电缆绝缘电阻接线

min),待表盘上的指针停稳后,指针指示值就是被测电缆的绝缘电阻值,单位是MΩ。

(5) 将电缆放电。
(6) 将电缆绝缘电阻与以前测量值进行对比,符合规程要求时,将电缆头按原来各相连接方式重新连接好。
(7) 拆下绝缘电阻表的引线,收好工具、用具。

8.1.4 安全与技术要求

(1) 测量前,必须切断电缆的电源,并挂好标示牌;电缆相间及对地充分放电,使电缆处于安全不带电的状态。

(2) 接线柱引线应选用绝缘良好的多股导线,且不允许绞合在一起,也不得与地面接触。

(3) 测量电缆的电容量较大时,应有一定的充电时间。电容量越大,充电时间越长。

8.1.5 考核标准

绝缘电阻测量操作考核标准见表 8.1。

表 8.1　　　　　　　　　绝缘电阻测量操作考核标准

序　号	评分标准（满分 100 分）	得　分
1	选错用错工具、用具,一次扣 2 分	
2	电缆未放电扣 20 分	
3	测量绝缘电阻表不作检查扣 20 分	
4	绝缘电阻表接线错误,一次扣 10 分	
5	绝缘电阻表转速不均匀或转速未达到 120r/min 扣 10 分	
6	未对绝缘电阻进行对比扣 10 分	
时间	每条电缆 20min	

8.2　电力电缆的吸收比试验

8.2.1　训练目的

(1) 学会用绝缘电阻表测量电力电缆的绝缘电阻和吸收比。

(2) 学会根据所测结果对电缆的情况进行分析判断。

8.2.2　准备工作

(1) 器材准备:ZC11 型绝缘电阻表 (2500V、1000V) 2 块,测量用连线 3 条（不同颜色）。放电棒 1 根（绝缘棒）,屏蔽环 2 个,记录表格 2 张,0～100℃温度计 1 支。

(2) 技术准备:收集电缆交接试验及历次预防性试验的绝缘电阻记录,办理待试电缆线路停电工作票。

8.2.3　操作步骤

(1) 断开电源。将待测电缆的电源侧开关断开,按工作票要求做好安全措施,并用放电棒充分放电后,解开电缆两端引线。

(2) 选择并检验绝缘电阻表。根据电缆的额定电压选择绝缘电阻表额定电压。额定电压为1000V及以上的电缆应选用2500V绝缘电阻表；额定电压在1000V以下的电缆选用1000V绝缘电阻表。

绝缘电阻表选定后，检验绝缘电阻表在开路或短路时，指针是否指向"∞"或"0"位。

(3) 接试验引线。将绝缘电阻表"E"端子用引线与电缆销装相连，"G"端子引线接电缆屏蔽层，屏蔽环装在缆芯端部绝缘上（或套管端部）。"L"端子引线准备接被试缆芯。将电缆其余两相芯线和电缆外皮连接在一起并接地。

测量电缆各线芯间绝缘电阻时"E"端子接线芯，"L"端子的引线准备接被试线芯，另一线芯与电缆销装外皮连接并接地。

(4) 测量。摇动绝缘电阻表达到额定转速（120r/min），待绝缘电阻表指针指示"∞"时，用绝缘棒将"L"端子引线立即接到电缆被试相芯上，并同时记录时间。继续保持绝缘电阻表的额定转速，记录绝缘电阻表15s和60s时的读数$R_{15''}$和$R_{60''}$，然后先断开被试相缆芯引线，再停止摇表。

(5) 放电、更换测试相芯。用绝缘棒将接地线与被试相芯短路，充分放电后更换相芯接线，重复步骤（4）的操作，记录另外两相芯15s和60s时的绝缘电阻值。

(6) 计算吸收比。$K=R_{15''}/R_{60''}$。

吸收比大于1.3时为合格。小于1.3接近1.0时电缆受潮或损坏。

(7) 计算不平衡系数：将本次所测三相线芯60s时的绝缘电阻值相互比较，各相间的不平衡系数一般不大于2～2.5为合格。

(8) 运行中的电缆绝缘电阻和吸收比，还应根据历次及本次试验数值的变化规律来判断，一般不应有明显的降低（其值不得下降30%以上）。若无历史数据，电缆长度在500m及以下，在电缆温度为20℃时，不应低于400MΩ。

(9) 根据试验判断结果，提出电缆的处理意见（继续使用、重新做头、报废）。能继续使用的，恢复电缆原来的接线形式并投入运行。

(10) 办理工作票终结手续。

8.2.4 技术要求

(1) 运行中的电缆停电后，或每测试一相绝缘电阻后都要逐相放电。放电时间一般不得少于1min，电缆较长的不得少于2min。

(2) 运行中电缆试验前，应拆除一切对外连线，并用清洁干燥的棉布擦净电缆头，然后逐相测试。

(3) 绝缘电阻表的引线必须使用单根软线，不能使用绞线。绝缘电阻表各接线柱的引线按规定连接电缆的各部位，不得混淆。

(4) 绝缘电阻表应放置平稳，摇动时切忌忽快忽慢。应保持规定转速（120r/min），可以有20%的变化，但最多不应超过额定转速的25%。

(5) 测量电缆绝缘电阻时，还应同时记录被测电缆的温度、电缆长度、所用绝缘电阻表电压等级、量程范围及当时气候等。

直埋电缆的温度可按土壤温度计算（当电缆停电时间较长时），刚停电就立即测试电缆时，电缆的温度用测量直流电阻的方法计算得出（有条件时可用红外线测温）。

(6) 为便于比较,应将数值换算为电缆 20℃时每千米长的绝缘电阻数值。换算公式为

$$R_{i20} = R_{it} \frac{K}{L}$$

式中:R_{i20} 为每千米长电缆在 20℃时的绝缘电阻,MΩ;R_{it} 为长度为 L 的电缆在 t℃时的绝缘电阻,MΩ;L 为电缆长度,km;K 为温度系数,见表 8.2。

表 8.2　　　　　　　　　　电缆绝缘的温度换算系数

温度/℃	0	5	10	15	20	25	30	35	40
K	0.48	0.57	0.70	0.85	1.0	1.13	1.41	1.66	1.92

8.2.5　常见故障的分析与处理

对同一条电缆,采用不同型号的绝缘电阻表测量绝缘电阻和吸收比时,所得结果有一定的差异。其原因是绝缘电阻表的类型不同,其负载特性也不同,而被试电缆的吸收比和绝缘电阻直接受绝缘电阻表额定电压的影响。因此,当绝缘电阻表的容量较小,而被试电缆的吸收电流较大,绝缘电阻又低时,就会引起绝缘电阻表的端电压急剧下降,此时测得的吸收比和绝缘电阻值就不能反映真实的绝缘状况,其准确度较低。

排除方法:在测量吸收比和绝缘电阻时,应选择容量足够、在所测量绝缘电阻范围内负载特性平稳的绝缘电阻表。

8.2.6　考核标准

绝缘电阻与吸收比测量操作考核标准见表 8.3。

表 8.3　　　　　　　　绝缘电阻与吸收比测量操作考核标准

序　号	评分标准(满分 100 分)	得　分
1	绝缘电阻表型号、额定电压选择不对,扣 10 分	
2	绝缘电阻表接线错误,或电缆未测相不接地,扣 10 分	
3	绝缘电阻表转速不符合规定或转速不均,扣 5 分	
4	读数不准确,或读取时间不符合要求,每错一次扣 5 分	
5	吸收比和各相不平衡系数计算错误,每项扣 2 分	
6	绝缘电阻值不会换算、比较,扣 5~10 分	
7	对所测数据分析判断不准确,每项扣 5 分	
8	时间每条电缆用时不超过 20min	

8.3　跌落式熔断器的操作

8.3.1　实训目的

(1) 掌握跌落式熔断器的操作流程。

(2) 学会正确的操作方法，掌握操作要领及安全注意事项。

8.3.2 操作前的准备

(1) 填写检修工作票、倒闸操作票。
(2) 将变压器的负荷侧全部停电。
(3) 穿绝缘靴、戴绝缘手套及护目镜，使用绝缘杆，站在绝缘台、垫上进行操作。
(4) 一人操作，一人监护。

8.3.3 操作安全要点

(1) 送电操作时，先合两边相，后合中相。
(2) 停电操作时，先拉中相，后拉两边相。
(3) 有风时，先拉下风侧边相，后拉上风侧边相，防止弧光短路。

8.3.4 更换熔丝的操作

(1) 取下熔丝管，RW3 型用绝缘杆顶静触头（鸭嘴）；RW4 及 RW7 型则拉熔丝管上端的操作环（即 3 顶、4 拉）。
(2) 打磨被电弧烧伤的熔丝管静、动触头。
(3) 调整熔丝管静、动触头的距离及紧固件，熔丝应位于消弧管的中部偏上处。
(4) 更换熔丝前应检查熔丝管与产气管是否良好无损伤，损坏应更换。
(5) 更换熔丝时应压接牢固，接触良好，防止造成机械损伤。
(6) 送电操作时，先用绝缘杆金属端钩穿入操作环，令其绕轴向上转到接近静触头的地方，稍加停顿，看到上动触头确已对准上静触头，迅速向上推，使上动触头与上静触头良好接触，并被销系机构锁定这一位置，然后轻轻退下绝缘杆。

8.4 用钳型电流表测量配电变压器负荷电流

8.4.1 实训目的

(1) 学会正确使用钳型电流表测量变压器的负荷电流。
(2) 掌握带电操作的安全注意事项，培养带电操作的安全意识。

8.4.2 准备工作

T-301 型钳型电流表一块。

8.4.3 操作步骤

(1) 选择量程。
(2) 钳入导线。
(3) 正确读数。

8.4.4 技术要求

（1）测量前应对被测量电流进行粗略估计，选择适当的量程。如果被测电流无法估计，应先把钳型电流表的量程放到最大挡位，然后根据被测电流指示值，由大到小，转换到合适的挡位。倒换量程挡位时，应在不带电的情况下进行。

（2）测量时将钳型电流表的钳口张开，钳入被测导线，闭合钳口使导线尽量位于钳口中心，在表盘上找到相应的刻度线。由表计的指示位置，根据电流表所在量程，直接读出被测电流值。

（3）测量时，钳型电流表的钳口应闭合紧密。每次测量后，要把调节电流量程的挡位放在最高挡位。

（4）测量 5A 以下电流时，为得到较为准确的读数，在条件允许时可将导线多绕几圈放进钳口进行测量。测得的电流值除以钳口内的导线根数即为实际电流值。

（5）测量时一人操作，一人监护，操作人员对带电部分应保持安全距离。此方法只适用于被测线路电压不超过 500V 的情况。

8.5 测量配电变压器的绝缘电阻

8.5.1 实训目的

（1）掌握测量变压器绝缘电阻的全过程及安全注意事项。
（2）学会测量变压器绝缘电阻，并对测量结果进行分析。

8.5.2 需要测量变压器绝缘电阻的情况

（1）安装好的变压器在投入运行前做交接试验时。
（2）变压器大修后。
（3）油浸式变压器运行 1～3 年，干式和充气式变压器运行 1～5 年。
（4）搁置或停运 6 个月以上的变压器，投入运行前测量绝缘电阻并做油耐压试验。

8.5.3 测量接线图

（1）测量高压绕组对低压绕组及外壳之间的绝缘电阻，其接线如图 8.2 所示。绝缘电阻表的"E"端接低压绕组及外壳，"G"端接高压瓷套管的瓷裙，"L"端接高压绕组。

（2）测量低压绕组对高压绕组及外壳的绝缘电阻，其接线如图 8.3 所示。绝缘电阻表的"E"端接高压绕组及外壳，"G"端接低压瓷套管的瓷裙，"L"端接低压绕组。

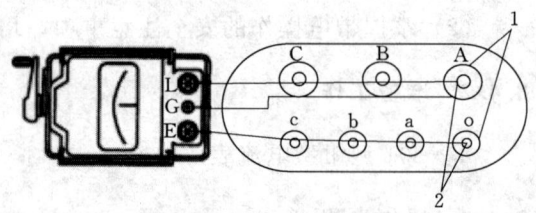

图 8.2 测量高压绕组对低压绕组及外壳之间的绝缘电阻
1—瓷裙；2—接线端子

8.5.4 操作的全过程

(1) 绝缘电阻表的选用。主要考虑绝缘电阻表的额定电压和测量范围是否与被测电气设备的绝缘等级相适应。测量3kV及以上变压器的绝缘电阻应选用2500V绝缘电阻表。

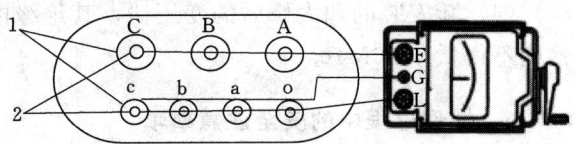

图 8.3 测量低压绕组对高压绕组及外壳之间的绝缘电阻
1—瓷裙；2—接线端子

(2) 绝缘电阻表的检查。检查外观完好无破损；仪表进行开路试验时，表针应指向无穷大；仪表进行短路试验时，表针应"瞬间"指零；测试线的绝缘应良好，不得使用双绞线或平行线。

(3) 测量项目。

1) 高压绕组对低压绕组及外壳的绝缘电阻，简称高对低及地。

2) 低压绕组对高压绕组及外壳的绝缘电阻，简称低对高及地。

(4) 操作过程。

1) 将被测变压器退出运行，并执行验电、放电、装设临时接地线等安全技术措施；测量工作须由两人进行，应戴绝缘手套。

2) 拆除变压器高、低压两侧的母线或导线。

3) 将变压器高、低压瓷套管擦拭干净，然后用裸铜线在每个瓷套管的瓷裙上绕2~3圈，将高、低压瓷套管分别连接起来。

4) 将变压器高压A、B、C和低压o、a、b、c接线端用裸铜线分别短接。

5) 测量时应先将E和G与被测物连接好，用绝缘物挑起L线，待绝缘电阻表转速达120r/min，再将"L"线搭接在高压绕组（或低压绕组）接线端子上，测量时仪表应水平放置，以120r/min的转速匀速摇动绝缘电阻表的手柄，待表针稳定1min后读取数据，撤下"L"线，再停摇表。

6) 测量前后均应进行绕组对地放电；测量完毕后，拆除相间短路线，并恢复原来接线。

8.5.5 绝缘电阻合格值的标准

(1) 本次测得的绝缘电阻值与上次测得的数值，换算到同一温度下相比较，本次数值比上次数值不得降低30%。

(2) 吸收比 $R_{15''}/R_{60''}$（即测量中60s与15s时绝缘电阻的比值）在10~30℃时，应为1.3倍及以上。

(3) 3~10kV变压器在不同温度下绝缘电阻合格值如表8.4所示。

表 8.4　　　不同温度下变压器绝缘电阻合格值（3~10kV）

温度/℃	10	20	30	40	50	60	70	80
良好值/MΩ	900	450	225	120	64	36	19	12
最低值/MΩ	600	300	150	80	43	24	13	8

(4) 新安装的和大修后的变压器,其绝缘电阻合格值应符合上述规定。运行中的变压器则不得低于 10MΩ。

8.5.6 操作过程中的安全注意事项

(1) 被测变压器,应执行停电、验电、放电、装设临时接地线、悬挂标示牌和装设临时遮栏等安全技术措施,并应拆除高低压侧母线。

(2) 测量工作应两人进行,需戴绝缘手套。

(3) 测量前、后必须进行放电。

(4) 测量时,应先摇动绝缘电阻表摇柄,再搭接"L"线。测量结束时,应先撤下"L"线,再停止摇动(即"先摇后搭、先撤后停")。

(5) 测量过程中不应减速或停摇。

(6) 必要时,记录测量时变压器的温度。

8.6 验电、挂接地线

8.6.1 训练目的

(1) 掌握常用安全用具的检查方法。

(2) 学会正确使用高压验电器进行验电并对设备封挂接地线。

8.6.2 训练内容

(1) 准备工作。

1) 穿戴好劳保服装。

2) 检查绝缘手套有效期、外观和气密性。

3) 检查绝缘靴有效期、外观和磨损程度。

4) 选择符合该系统电压等级的验电器,检查有效期、外观并做试验。

5) 检查接地线。

(2) 验电。

使用高压验电器时,应二人进行,一人监护、一人操作,操作人必须戴符合耐压等级的绝缘手套,必须握在绝缘棒护环以下的握手部分,绝不能超过护环。

验电前应先在有电设备上验电,确认验电器有效后方可使用。

验电时,操作人的身体各部位应与带电体保持足够的安全距离。当验电器的金属接触电极逐渐靠近被测设备,一旦验电器发出声光信号,即说明该设备有电。此时应立即将金属接触电极离开被测设备,以保证验电器的使用寿命。

在停电设备上验电时,必须在设备进出线两侧(如断路器的两侧、变压器的高低压侧等)以及需要短路接地的部位,各相分别验电,以防可能出现一侧或其中一相带电而未被发现。

(3) 挂地线。

当验明设备无电后,应立即三相短路并接地。操作时,先接接地端,接触必须牢固,然后在检修设备所规定的位置接地。在设备上接地时，应先接靠近人体那相，然后再接其他两相，接地线不要触及人身。拆除接地线时顺序相反。所挂接地线应与带电设备保持安全距离。

8.7 倒母线倒闸操作

8.7.1 训练目的

（1）请根据如图 8.4 所示的一次电气主接线，按照下列操作任务正确填写电气倒闸操作票。

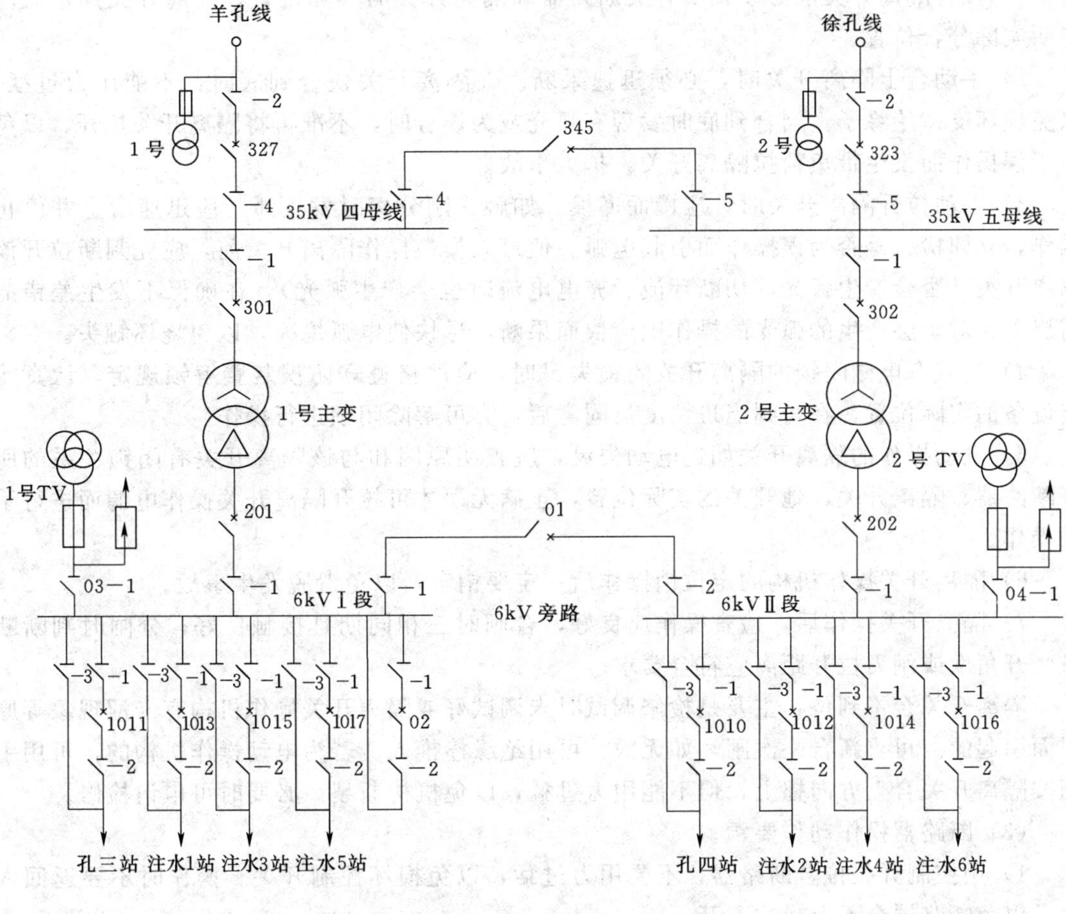

图 8.4 变电所一次电气主接线

1）1 号主变由运行转检修。

2）1 号主变由检修转运行。

3）孔四站 1010 线路由运行转检修。

4）孔四站 1010 线路由检修转运行。

5）注水 1 站 1013 开关由运行转检修要求线路不停电由旁路 02 开关代路）。

6) 注水1站1013开关由检修转运行。

(2) 掌握进行倒闸操作步骤。

(3) 掌握正确操作隔离开关、断路器的动作要领。

8.7.2 训练内容

(1) 准备工作。

穿戴好劳保服装；检查绝缘手套有效期、外观和气密性；检查绝缘靴有效期、外观和磨损程度。

(2) 隔离开关操作动作要领。

1) 拉合隔离开关前必须查明有关断路器和隔离开关的实际位置，隔离开关操作后应查明实际分合位置。

2) 手动合上隔离开关时，必须迅速果断。在隔离开关快合到底时，不能用力过猛，以免损坏支持绝缘子。当合到底时发现有弧光或为误合时，不准再将隔离开关拉开，以免由于误操作而发生带负荷拉隔离开关，扩大事故。

3) 手动拉开隔离开关时，应慢而谨慎。如触头刚分离时发生弧光应迅速合上并停止操作，立即检查是否为误操作而引起电弧。值班人员在操作隔离开关前，应先判断拉开该隔离开关是否会产生弧光（切断环流、充电电流时也会产生弧光），在确保不发生差错的前提下，对于会产生的弧光的操作则应快而果断，尽快使电弧熄灭，以免烧坏触头。

4) 当装有电磁闭锁的隔离开关闭锁失灵时，应严格遵守防误装置解锁规定，认真检查设备的实际位置，在得到当班调度员同意后，方可解除闭锁进行操作。

5) 电动操作的隔离开关如遇电动失灵，应查明原因和与该隔离开关有闭锁关系的所有断路器、隔离开关、地开关的实际位置，正确无误才可拉开隔离开关操作电源而进行手动操作。

6) 隔离开关操作机构的定位销操作后一定要销牢，以免滑脱发生事故。

7) 隔离开关操作后，检查操作应良好，合闸时三相同期且接触良好；分闸时判断断口张开角度或闸刀拉开距离应符合要求。

隔离开关合不到位：主要是检修调试时未调试好或隔离开关操作机构有卡涩现象等原因而引起的。可重新合一次闸，如无效，可用绝缘棒推入。若为电动操作机构的，可用手柄按隔离开关合上方向摇上，但不能用力过猛，以免机构断裂。必要时可申请检修。

(3) 断路器操作动作要领。

1) 用控制开关拉合断路器，不要用力过猛，以免损坏控制开关。操作时不要返回太快，以免断路器合不上或拉不开。

2) 设备停电操作前，对终端线路应先检查负荷是否为零。对并列运行的线路，在一条线路停电前应考虑有关整定值的调整，并注意在该线路拉开后另一线路是否过负荷。如有疑问应问清调度后再操作。断路器合闸前必须检查有关继电保护已按规定投入。

3) 断路器操作后，应检查与其相关的信号，如红绿灯的变化、测量表计的指示。装有三相电流表的设备，应检查三相表计，并到现场检查断路器的机械位置以判断断路器分合的正确性，避免由于断路器假分假合造成误操作事故。

8.7 倒母线倒闸操作

4) 操作主变压器断路器停电时，应先拉开负荷侧后拉开电源侧，复电时顺序相反。

5) 如装有母差保护，当断路器检修或二次回路工作后，断路器投入运行前应先停用母差保护再合上断路器，充电正常后才能用上母差保护（有负荷电流时必须测量母差不平衡电流并应为正常）。

6) 断路器出现非全相合闸时，首先要恢复其全相运行（一般两相合上一相合不上，应再合一次，如仍合不上则将合上的两相拉开；如一相合上两相合不上，则将合上的一相拉开），然后再做其他处理。

7) 断路器出现非全相分闸时，应立即设法将未分闸相拉开，如仍拉不开应利用母联或旁路进行倒换操作，之后通过隔离开关将故障断路器隔离。

8) 对于储能机构的断路器，检修前必须将能量释放，以免检修时引起人员伤亡。检修后的断路器必须放在分开位置上，以免送电时造成带负荷合隔离开关的误操作事故。

9) 断路器累计分闸或切断故障电流次数（或规定切断故障电流累计值）达到规定时，应停电检修。还要特别注意当断路器跳闸次数只剩有一次时，应停用重合闸，以免故障重合时造成跳闸引起断路器损坏。

（4）倒闸操作的程序。

1) 接令。倒闸操作必须根据调度人员的命令进行，接受操作命令应由值长接令，接令时应双方互通姓名，接受操作命令人员应根据调度命令做好记录，同时应使用录音机做好录音，记录好后对调度人员进行复诵。如有疑问应及时向调度人员提出，对于有计划的复杂操作和大型操作应在操作前一天下达操作命令，以便操作人员提前做好准备。

2) 宣布命令。值长接令后应对当值值班员宣布操作命令，并指定操作人和监护人，并由操作人填写操作票。原则上值长一般不担任监护人，只有在复杂的大型操作中才担任监护人。

3) 填写操作票。填写操作票由操作人进行填写，填写时要使用蓝色的钢笔或圆珠笔填写，在填写中应使用统一的操作术语。操作票每页错误不得超过 3 个字，并在修改处应加盖名章，名章应清晰。对于操作票填好后应由操作人进行检查，无误后再由监护人和变电所正值长进行审核，检查后再由电力调度或所长进行最终审核。审核后在操作票的最后一行加盖"以下空白"章。

4) 模拟操作。操作人、监护人应先在模拟图上按照操作票所列操作顺序进行预演。审核后的操作票，由操作人和监护人在模拟图上进行模拟操作，模拟操作时由监护人唱票，操作人复诵，操作人在指定操作的设备模拟开关或隔离开关的拉合方向，监护人在操作人对所要操作的设备复诵和拉合方向正确后下达"对，可以操作"的命令，操作人方可将所要操作的开关或隔离开关转换到指定的位置上，这项操作后监护人对模拟操作的内容检查无误后，在模拟项上画一对号（√）进行确定，直到操作票的所有项模拟操作完毕。在对操作票模拟操作确认无误后，操作人、监护人、值班负责人分别在操作票上签名。

5) 电力调度下复令。在正式操作前电力调度员发布操作任务和命令。

6) 操作监护。每操作一项监护人按照操作票上顺序高声唱票，操作人在听到监护人的操作命令时眼看铭牌，核对监护人所发命令的正确性。操作人认为监护人命令发布正确后用手指铭牌，逐字高声复诵并做操作手势，复诵完毕后手指指向要操作设备。监护人在看到、听到操作人复诵正确,应发出"对,可以操作"的命令。操作人在听到该命令后,方可进行实际操作。

7) 每操作一项后应由监护人用红笔勾项,操作人也需看清勾项步骤和内容。勾项时不得先勾项后操作,操作人和监护人应现场检查操作的正确性,然后监护人在操作完的项目上打"√"。

8) 最后一项操作完毕后,操作人和监护人应在现场复查操作票上全部操作项目的正确性。监护人在操作票上填写操作结束时间,并向电力调度人员汇报。

8.8 电动机单转向点动与连续运行控制线路安装

三相异步电动机,根据其拖动控制方式其控制电路各不相同。在电动机拖动控制中,采用定型的启动控制箱(柜),可采用前面介绍的启动设备安装方法进行安装。但大多数的电动机拖动控制需要按照现场的实际需要进行安装,包括生产机械电动机的控制电路。因此对电动机拖动控制应掌握其安装施工的操作技能。现以如图 8.5 所示的电动机单转向点动与连续运行控制电路的安装为例,讲述电动机控制电路的安装操作技能。

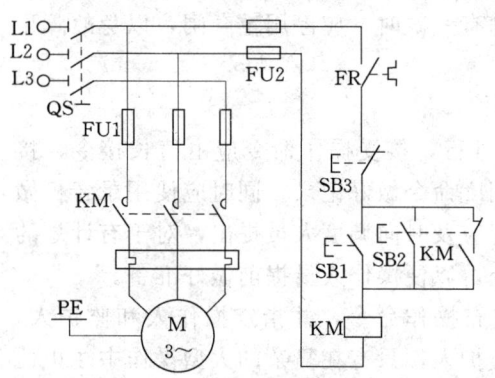

图 8.5 电动机单转向点动与连续运行控制线路原理接线

8.8.1 安装施工

(1) 工具准备:电工钳、圆嘴钳、剥线钳、一字螺丝刀、十字螺丝刀、电工刀各 1 把,万用表 1 块。

(2) 材料准备:导线 BV-1.5mm²、BV-2.5mm²、BVR 型多股铜芯软线各若干米,哈夫夹(大、中、小号)、尼龙丝(1010 型、ϕ0.5mm、ϕ1mm)、带帽垫螺栓、标号套管(ϕ3~5mm 各种规格)、碗形瓷珠及耐温绝缘管(各种规格)、TC 系列引线槽(各种规格)、尼龙收紧扎带、自粘卡、黄蜡绸带(2015 型)各若干供选用。

(3) 设备准备:按电路原理图准备,CJTI-20 交流接触器 1 只,JR36-20 热继电器 1 只,LA4-3H 按钮 1 只,RLI-15/2 螺旋熔断器 2 只,JFS-2.5/5 端子排 2 节,HH-30/20 电源开关 1 块,三相异步电动机 1 台。

8.8.2 施工步骤

(1) 熟悉电气控制电原理图,在本例中熟练掌握电动机单转向点动与连续运行控制线路接线图原理。

(2) 按给定的标准图纸准备工具和元器件。

(3) 按图 8.6 所示元件排列参考位置安装元器件,该图所确定的位置应是控制箱底板,练习时可用木板代用。

(4) 进行线路敷设。

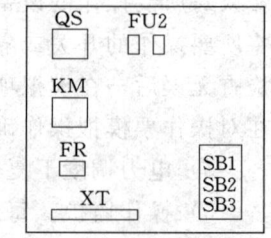

图 8.6 电动机单转向点动与连续运行控制线路元件排列参考图

(5) 安装完毕进行质量检查。

(6) 质量检查合格通电试验。

8.8.3 线路敷设施工工艺

(1) 严格按图纸和技术条件选用导线规格，不允许擅自改换规格和材料代用。

(2) 按照元件的实际定位，对号下线，长短应适当，一般余量不超过200mm，以免造成浪费。

(3) 越过活动部位的导线，其长度应能使活动部件旋转打开至极限位置时而不至受拉力为宜。

(4) 导线压接紧固、螺钉不压绝缘层、不伤线芯，线芯裸露不大于1mm，圆环质量好、顺时针绕向，尼龙扎带绑扎牢固、均匀（80～100mm一个），方向一致，接线板（端子排）到按钮采用多股铜芯软线，接点接线无毛刺，同一接点不超过两根导线，编码套管齐全，标号正确。

(5) 二次接线距离裸导体不应小于15～20mm。

(6) 超过活动部件的多股软线束用ϕ0.5mm的尼龙线捆紧，根据走线方位可弯成U形或S形，弯曲部分的两端应使用布线夹固紧。

(7) 按图纸正确接线，图形与实物连接相符，线路敷设横平竖直、面无交叉、跨越得当、主回路和控制回路分开、走向合理、整齐美观。

(8) 接线应做到接点位置准确无误，压接牢固可靠。

(9) 接至电器元件及接线端子的同一侧导线应长短一致，弯曲角度高低及大小也一致。

(10) 导线接入接头或接点时，裸导体外露3～5mm。

(11) 接至发热元件的导线，应剥去20～40mm的绝缘皮层，套上中3/6碗形瓷珠或耐温绝缘套管。

(12) 所有接点紧固必须用弹簧垫圈或用两个螺母锁紧。

8.8.4 施工技术要求

(1) 导线及元件选择正确、合理；主回路与控制回路导线截面应满足负载要求，还应采用不同颜色加以区分。各元件选择均应满足负载要求，主回路中电器的额定电流应不小于电动机额定电流来选用，电动机额定电流可由铭牌中查到，对线圈电压则应按控制电路所用电源电压来选择。

(2) 元件安装前质量检查正确，安装位置合理，固定整齐、牢固，元件保持完好无损。

(3) 如果辅助电路接线的绝缘导线需穿越金属结构件时，应有保护绝缘导体，保护导线不被破坏的措施；辅助电路配线不应直接靠铁板敷设。

在移动的地方，如跨门的连接线，必须采用多股铜芯导线，并且要留有充分长度的裕量，以免因弯曲产生过度张力，其导线截面积不得小于引入移动部位导线最大截面积。

(4) 辅助电路二次接线不应直接在导电部位上敷设，布线应固定在骨架或支架上，也可以装入引线槽内。

（5）一般一个接线端子只连接一根导线，必要时允许连接两根导线，当需要连接两根以上导线时，应采取适当措施，以保证导线的可靠连接；箱内的电路连接线不同相或不同极的裸露载流部分之间，裸露载流部分与未经绝缘的金属体之间，电气间隙不得小于12mm；爬电距离不得小于20mm。

（6）熔体选择和安装正确；主回路熔体的额定电流应不小于（1.5～2.5）I_N，控制回路熔体的额定电流按 ZA 考虑。安装熔丝时，应顺时针绕向，螺钉压接松紧适当。安装熔管时，带电的一侧朝上，上帽应旋紧，各部分接触良好。

（7）热继电器整定正确，热继电器的动作电流按电动机额定电流的1.1～1.5倍整定。

（8）通电前电动机和电源线的接线以及通电后的拆线顺序操作正确、规范。通电试验时，应从电源到负载逐级合闸，最后按启动按钮试车。停车接停止按钮，操作顺序则相反。

（9）操作结束后，清理工位，工具、材料摆放整齐，无不安全现象发生，做到安全文明生产。

8.8.5 施工安全要求

（1）安装各元器件时，应注意底板是否平整，若底板不平，元器件下方应加垫片，以防安装时损坏元器件。

（2）操作时应注意工具的正确使用，不损坏工具及元器件。

（3）通电试验时，操作方法应正确，确保人身及设备的安全。

（4）试车时发现异常现象或异味应立即停车检查。

参 考 文 献

［1］ 陈家斌．电气作业与安全操作［M］．北京：中国电力出版社，2006．
［2］ 杨祖荣，陈耕，杨清德．电气作业与安全［M］．北京：电子工业出版社，2012．
［3］ 刘介才．安全用电实用技术［M］．北京：中国电力出版社，2006．
［4］ 国家电网公司人力资源部组．带电作业基础知识［M］．北京：中国电力出版社，2010．
［5］ 国家电网公司人力资源部组．电力安全生产及防护［M］．北京：中国电力出版社，2010．
［6］ 杨振宏．电网系统安全生产管理与实务［M］．北京：中国电力出版社，2009．
［7］ 吴新辉，汪祥兵．安全用电［M］．北京：中国电力出版社，2009．
［8］ 乔新国．电气安全技术［M］．第2版．北京：中国电力出版社，2009．
［9］ 许培德，朱文强．安全用电［M］．郑州：黄河水利出版社，2014．
［10］ 三起触电急救成功案例［Z/OL］［2011-01-28］．http：//www.anquanren.com/blog-308096-30394.html．
［11］ 电气试验安全管理措施［Z/OL］［2008-11-15］．http：//www.51benan.com/a/200811/145434.html．
［12］ 施工现场电气安全管理规定［Z/OL］［2014-06-11］．http：//wenku.baidu.com/view/e7FA-436710661ed9ac51f323.html．